有趣的科学——有趣的生物

生命是什么

That's Life

[英] 罗伯特·温斯顿 著

文星 译

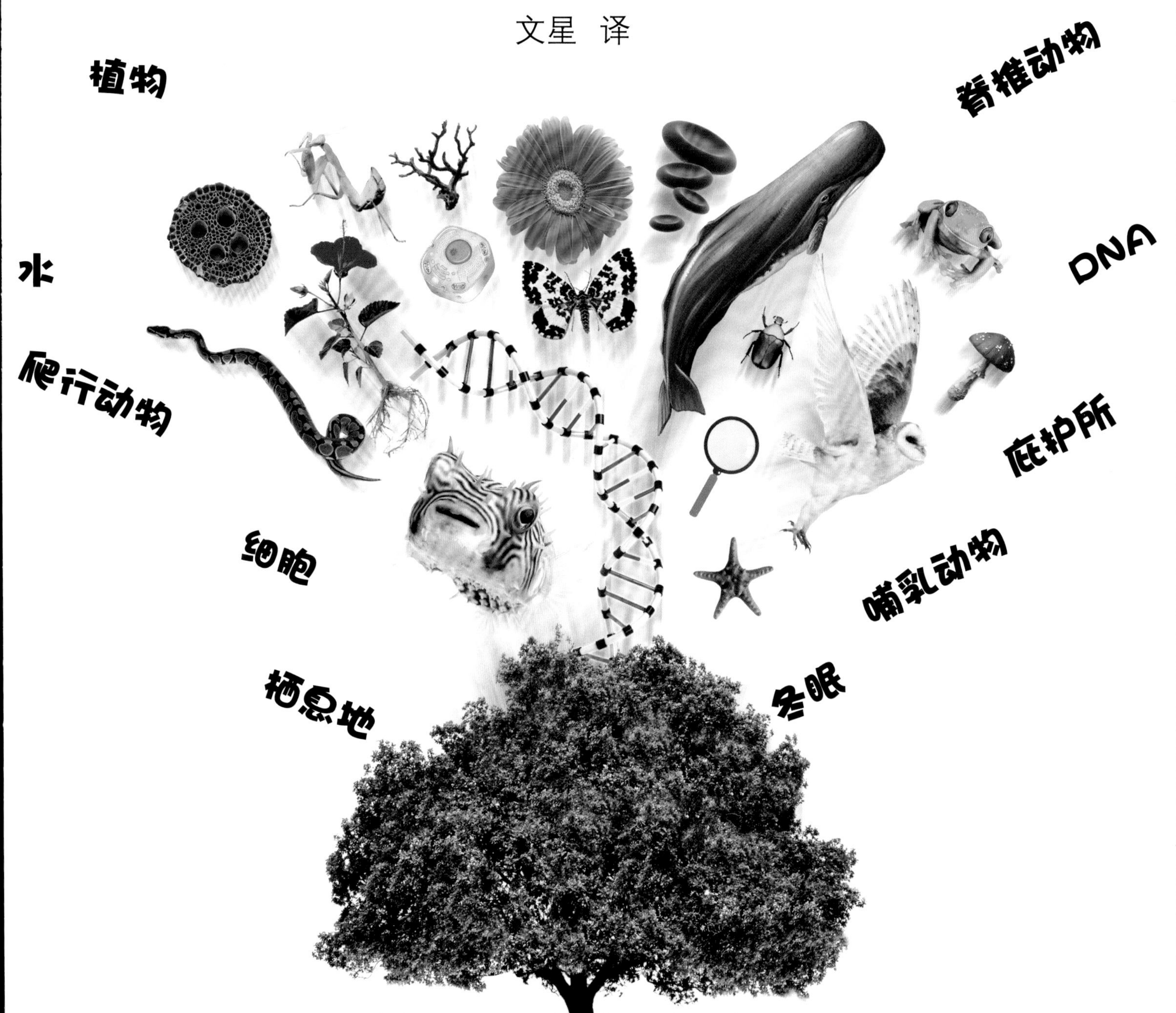

Original Title: That's Life

著作权合同登记号：01-2013-3761

图书在版编目 (CIP) 数据

有趣的生物：生命是什么 /（英）温斯顿著；文星译. --北京：科学普及出版社，2013.6（2024.10重印）
（有趣的科学）
书名原文：That's Life
ISBN 978-7-110-08227-0

Ⅰ. ①有… Ⅱ. ①温… ②文… Ⅲ. ①生命科学－青年读物 ②生命科学－少年读物 Ⅳ. ① Q1-0

中国版本图书馆 CIP 数据核字 (2013) 第 081924 号

责任编辑：邓　文
图书装帧：锦创佳业
责任校对：王勤杰
责任印制：徐　飞

科学普及出版社出版
http://www.cspbooks.com.cn
北京市海淀区中关村南大街 16 号
邮政编码：100081
电话：010-62173865　传真：010-62173081
中国科学技术出版社有限公司发行
北京华联印刷有限公司印刷
开本：635 毫米 × 965 毫米 1/8
印张：12　字数：150 千字
2013 年 6 月第 1 版　2024 年10月第 11 次印刷
ISBN 978-7-110-08227-0/Q · 128
印数：65001－70000 册　定价：49.80 元

（凡购买本社图书，如有缺页、倒页、脱页者，本社销售中心负责调换）

www.dk.com

我们比过去任何时候都生活的更健康、寿命更长，正是科学的发展带来了这种转变。地球已经存在了 40 多亿年，然而人类的出现只占了其中很短的时间。在不到 10 万年间，我们已经能够提出——有时候还能够回答—— 一些深刻的科学问题。现在，我们不仅能够研究生命，甚至还能在实验室里创造一些微小的简单有机体。

也许最深刻的科学问题就是“生命是什么？”这个问题乍一听很简单，然而至今依然无法圆满回答。不论是生命是在什么时候、什么地方出现及如何开始的，还是有关我们及其他生物是如何进化的一系列复杂问题，现在都没有确切答案。而且，我们也不知道这个宇宙中是否还存在着其他外星生命，也许它们就在人类目前无法到达的遥远星系中。

这本书解答了一些引人入胜的问题，还包括我们目前所了解的有关人类自身及其他生命的知识。我希望通过阅读本书，你能对生命的探求——也就是称为生物学的科学——产生兴趣，就像我一样。这将是一次奇妙的旅程。

Robert Winston.

罗伯特 ·温斯顿

目录

生命的注释

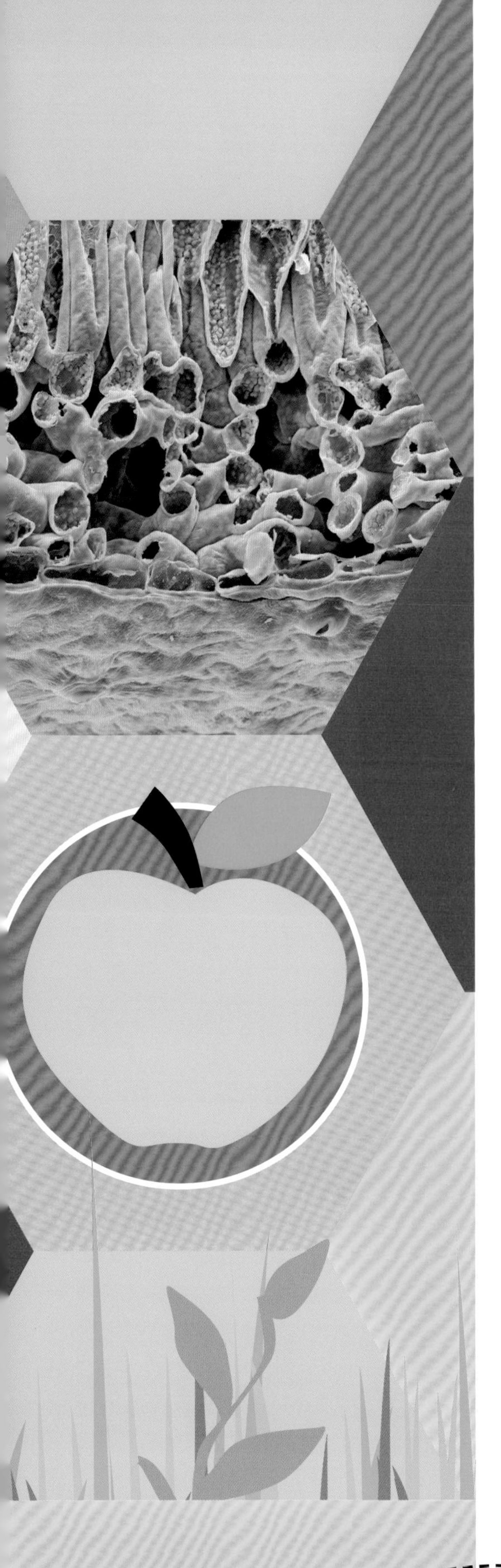

“生命是什么？”数千年来，无数科学家和哲学家提出过这个问题。然而这也许是世界上最难回答的问题了。还有一个与之并驾齐驱的问题是“生命是怎么出现的？”

关于生命是如何出现及在哪里出现的，已经有了许多科学假说，但没有一个准确答案。现在能确定的是，地球已经存在了46亿年，第一个单细胞生命出现在大约35亿年前，从那之后，*生命开始变得越来越复杂！*

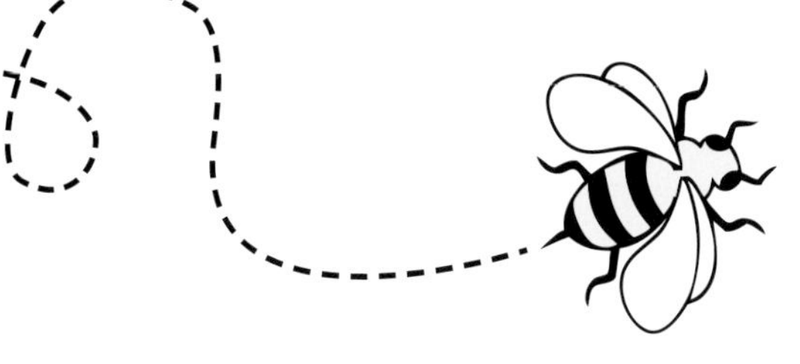

生命是什么

“生命是什么？”简直是全宇宙最棘手的问题。数千年来，人类一直在思考这个问题，但至今没有确切的答案。

亚里士多德

古希腊哲学家亚里士多德是最初想解答这个问题的人之一。他认为生命是能够生长、维持及繁殖的事物。这的确符合我们通常见到的生物体特征，如动物、植物和真菌。但是，还有一些不是生命的事物也符合这个解释，如火和计算机病毒。

自**亚里士多德**之后，许多人也开始尝试*解释*生命，但***每个定义总有漏洞***，会包含一些**不属于生命**的事物。

也许在***地球之外***发现**生命**之前，并不能给生命下一个确切的定义。现在有关生命的一切知识，都是关于***我们这个***星球上的生物。目前我们只知道地球上存在生命。然而，现在已经在**太空**中发现了生命的“原料”，也许宇宙中真的存在其他生命。在那里，生命也许完全***不同于地球上生命***的模样。到那时，我们将完全改变对“**生命是什么？**”的看法。

生命的特征

以下是科学家总结出的***有关生命***的关键特征。活着的生命必须：

- 有外在形态（如身体），其中包含了共同运转的结构。
- 摄入能量，消耗能量。
- 生长、发育、改变。
- 繁殖，并将有用的特质遗传给后代。
- 对周围环境能作出反应，如对光、风、热、水作出反应。
- 一直都在进化，以适应环境。

生命的起源

生命是在哪里出现又是如何产生的？这个问题没有人能够回答。科学家提出了生命起源的许多假说，然而由于地球经历了太多的改变，所以没有留下任何证据支持这些理论。在地球上的环境变得完全适宜生物生存之前，也许生命曾经出现和消亡过多次。

剧毒的星球

地球在46亿年以前形成。最开始，地球上非常炽热，覆盖着岩浆、有毒气体及致命的射线。随后，地球渐渐开始冷却下来，表面形成一层固体地壳，这时地球上遍布的火山不断喷发，大气层中饱含二氧化碳、氮气和水蒸气。在地球变冷的同时，水蒸气也变成液态，以雨的形态降落到地表，形成海洋。虽然这时的地球依然是一个不毛之地，但已经为孕育生命做好了准备。

化学浓汤

生命很可能诞生于海洋。生物体中的所有化学元素——碳、氢、氮、氧、磷、硫——在当时的大气层中都已存在，只不过与今天大气层中的含量有所不同。闪电引发了化学反应，产生的简单化合物随雨水流入海洋，并与其他化合物产生了更复杂的化学分子。有些化学分子有一些神奇的本领——能够自我复制，生命的产生从此加速。

形成屏障

相对于严酷的环境来说，这些能够自我复制的化学分子十分脆弱，急需保护。一类叫作磷脂的化学分子能够形成泡泡一样的结构，把能自我复制的化学分子包围在里面。这些泡泡形成了一道保护屏障，让这些化学分子能更容易产生和保持其他物质。就这样形成了最初的细胞——生命最基本的单位。

早期的细胞

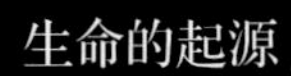

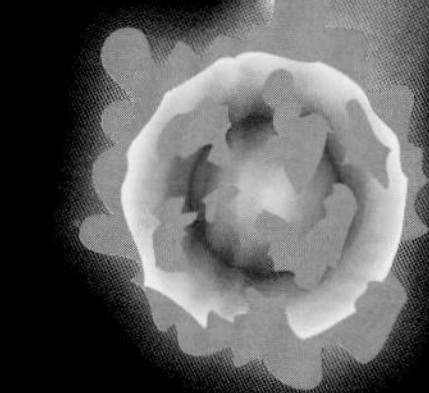

来自外太空

组成生命的成分中，有一部分可能来自银河系的其他星球。在形成的早期，地球一直处于彗星、小行星、流星的“狂轰滥炸”之中。科学家已经在陨石中发现了糖类和氨基酸，而这两种物质可以形成一种大分子物质——蛋白质，这是细胞最主要的成分。

流星雨

深海热泉

生命也许发源于海床上的热泉。这些不断喷出热水的泉可能为化学反应提供了能量。目前，科学家已经在热泉周围发现了一些特殊的细菌，它们以热泉喷出的硫化物为生，且不需要阳光和氧气。这也许与早期地球的情形十分类似。

叠层岩

独立的生命

细胞形成的最早证据是一种化石——叠层岩，这种化石性岩石有 35 亿年的历史，不过科学家认为细胞出现在 38 亿年前。叠层岩是由许多微小的古生物沉积形成的，这些古生物对当时地球大气层中氧气的形成起到了关键作用，自此生命才能向陆地迁移。叠层岩至今依然还在形成，不过形成岩石的生物变成了蓝藻。

生命的组成

碳元素

关键性的碳元素

对地球上的生命来说，碳是最重要的元素。碳具有独一无二的特点，就是可以组成许多不同形态的化学分子，特别是长链状和六角环状。绝大多数含有碳的化合物是有机物。有四种有机物是所有生命不可或缺的，即碳水化合物、脂类、蛋白质及核酸。

谁也离不开我。 **我是所有生命最不可或缺的！**

碳是人体中含量第二多的元素，排名第一的是氧。

蛋白质是有机体中最基本的分子，有着多种多样的用途：构成细胞（有机体的最基本单位）、促进反应、运输其他分子，等等。蛋白质是由许多称为氨基酸的小分子物质构成的大分子。虽然氨基酸有 200 多种，但绝大多数生物只由大约 20 种氨基酸构成。

脂类是油状或蜡状的物质，包括脂肪和油，由长链状的碳氢化合物组成。脂类可以形成细胞膜（细胞的外表面），而且可以很好地储存能量。人体可以合成一部分脂类，但其余部分必须通过饮食摄取，如动物脂肪、奶油、植物油等。

碳水化合物由附着氢原子和氧原子的碳环构成。最简单的碳水化合物只含有一个碳环，如有些糖类。许多食物中都含有糖类，如蜂蜜、水果、浆果等。更复杂的碳水化合物由长链状和分支链状的碳骨架构成，如植物含有的淀粉和纤维素。

核酸承载着合成蛋白质乃至整个有机体说明书的重任。核酸含有掌控细胞所有功能的信息。核酸分为两种——RNA（核糖核酸）、DNA（脱氧核糖核酸）。DNA 是生物体最重要的分子。

所有生命都是由化学物质组成的。地球上有98种天然元素，这些元素组成了全部物质。生命所必需的有25种元素，其中6种是组成所有生物最基本的成分——碳、氢、氧、氮、硫、磷。

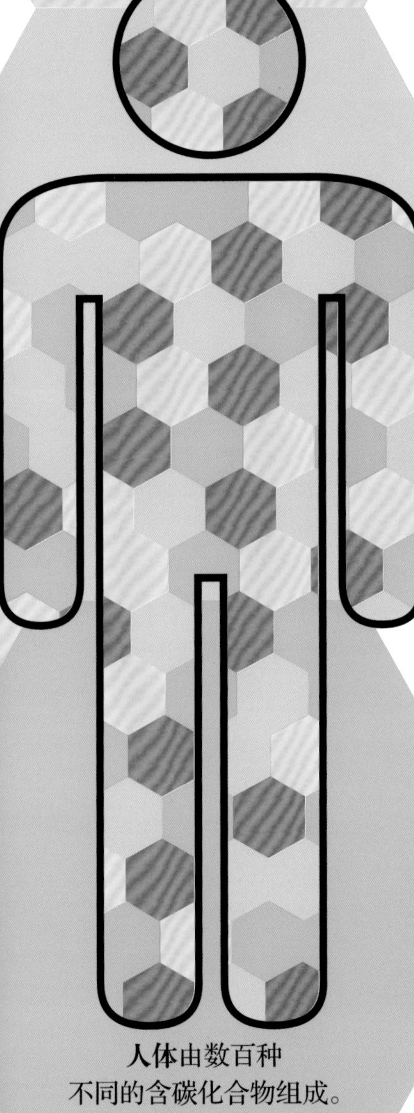

人体由数百种不同的含碳化合物组成。

不可缺少的DNA

我们身体里的每一个细胞中都包含着DNA（成熟红细胞除外），DNA含有表达细胞功能的全部遗传信息，就如同一本由密码编写的操作手册。DNA由4种称为核苷酸的化学分子组成，4种核苷酸分别含有4种不同含氮碱基——腺嘌呤、胞嘧啶、胸腺嘧啶、鸟嘌呤。在形成DNA时，核苷酸碱基两两配对：腺嘌呤与胸腺嘧啶，鸟嘌呤与胞嘧啶。成对的核苷酸排列成两股长链，这就是著名的双螺旋结构。

自我复制

每当细胞需要分裂时，DNA就会如同拉开拉链一般，沿中线解开螺旋。解开的每条长链再分别配对产生另一条长链，这样就产生了两条完全相同的DNA分子。

合成蛋白质

DNA也用于为细胞合成蛋白质。当细胞需要一种新的蛋白质时，编码这种蛋白质的DNA区域就会解开螺旋，然后被一种称为信使RNA的分子所拷贝，信使RNA再将所拷贝的遗传信息运输到细胞的其他部分，合成新的蛋白质。

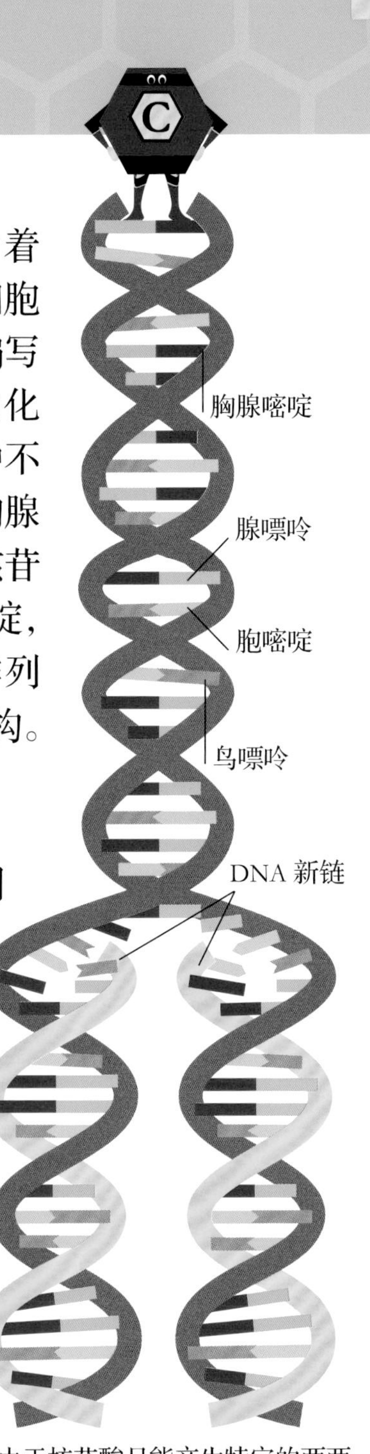

由于核苷酸只能产生特定的两两配对，所以，当DNA解开螺旋时，每条长链都会作为一个模板，配对产生另一条长链，最终形成两条完全一样的DNA分子。

来到 基本面

生命最基础的结构是细胞。地球上的生物都是由细胞组成的——最简单的生物体只有一个细胞，而人体含有约 37 万亿个细胞（也可能多达 724 万亿个细胞）。

细胞的种类***非常繁多***。所有***细胞***都能够摄入***营养物质来产生能量***，完成特定的功能及自我复制产生***新的细胞***。

细胞结构

细胞大致分为两种：简单的原核细胞和复杂的真核细胞。

原核细胞

原核细胞是地球上最古老的有机体类型，原核生物由一个原核细胞构成，如细菌。原核细胞很小，DNA 分子松散地悬浮在细胞质中。有些原核细胞长着鞭状尾，叫作鞭毛，可以用来推动原核细胞前进。

真核细胞

真核细胞是一类结构复杂的细胞，动物、植物和真菌由真核细胞组成。真核细胞要比原核细胞大 10 倍，而且在细胞中含有一些小型结构，称为细胞器，好比是细胞的器官，这些细胞器负责实现细胞的一系列功能。细胞中最重要的就是细胞核，那里含有细胞的 DNA。

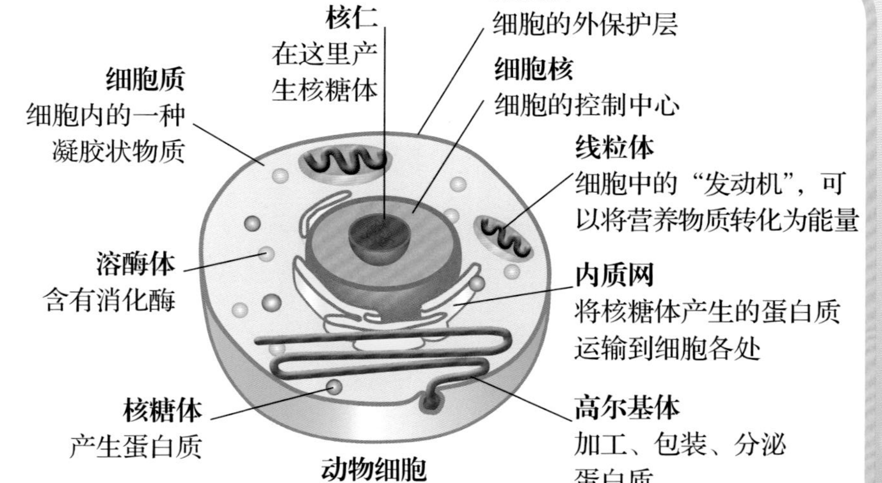

动物细胞

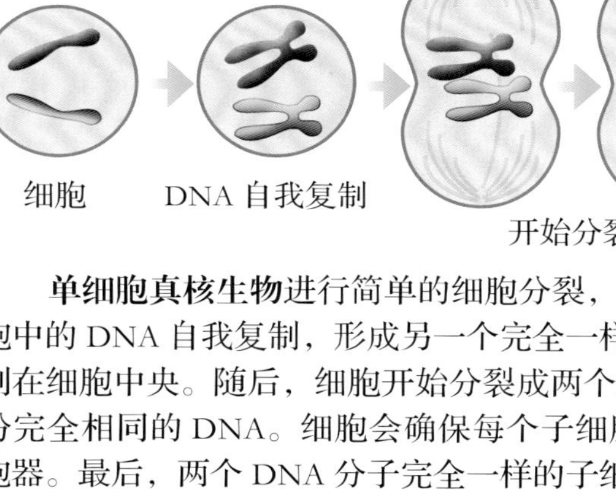

植物细胞

植物细胞也是真核细胞，不过与动物细胞不同的是，植物细胞外表面包裹着一层由纤维素构成的坚韧的细胞壁。植物细胞中还含有叶绿体和充满液体的大大的液泡。液泡能支撑植物体，如果植物失去过多的水分，就会打蔫甚至枯萎。

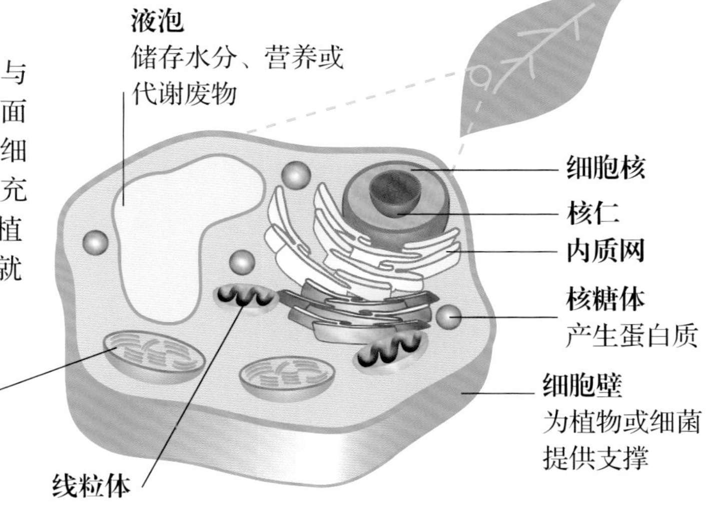

产生更多的细胞

生物的一大特征就是能自我复制。细胞通过两种方式自我复制：

有丝分裂

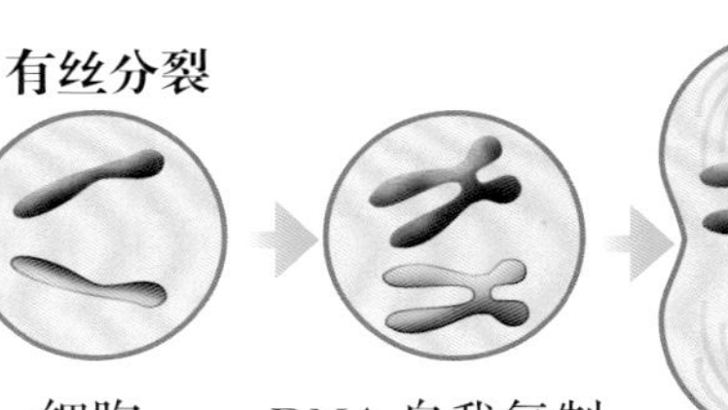
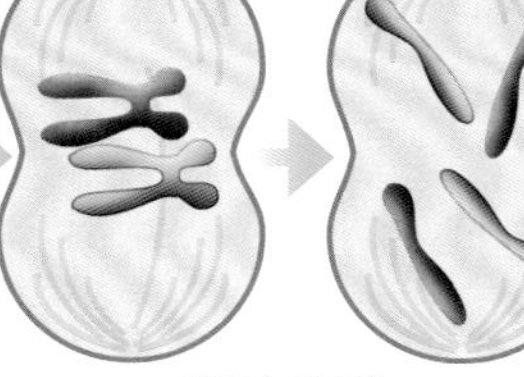
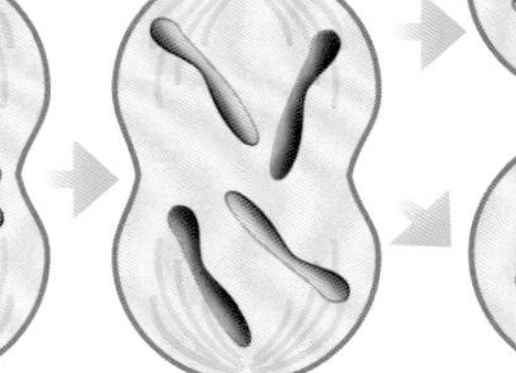
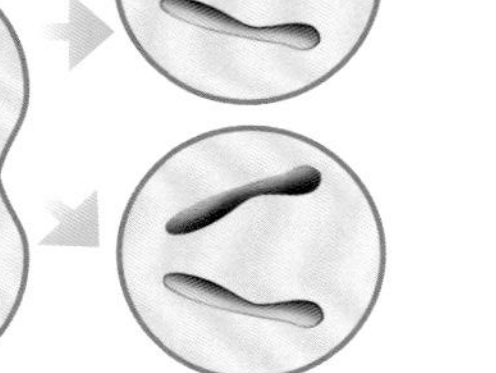

单细胞真核生物进行简单的细胞分裂，称为**有丝分裂**。首先，细胞中的 DNA 自我复制，形成另一个完全一样的复制品，然后 DNA 排列在细胞中央。随后，细胞开始分裂成两个细胞，每个细胞中包含一份完全相同的 DNA。细胞会确保每个子细胞中都含有足够的关键细胞器。最后，两个 DNA 分子完全一样的子细胞就产生了。

减数分裂

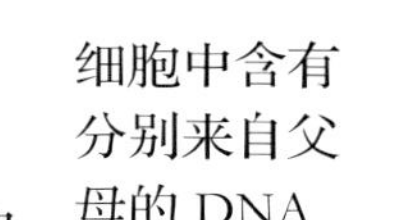
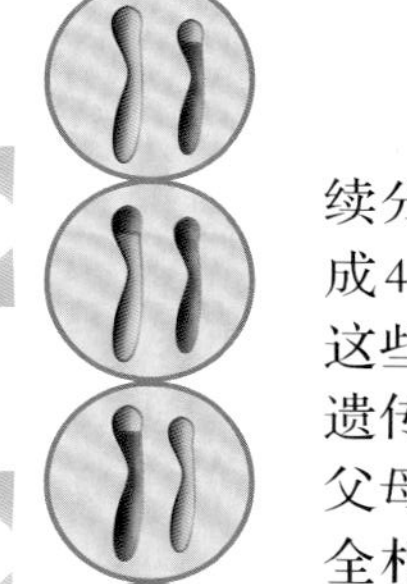
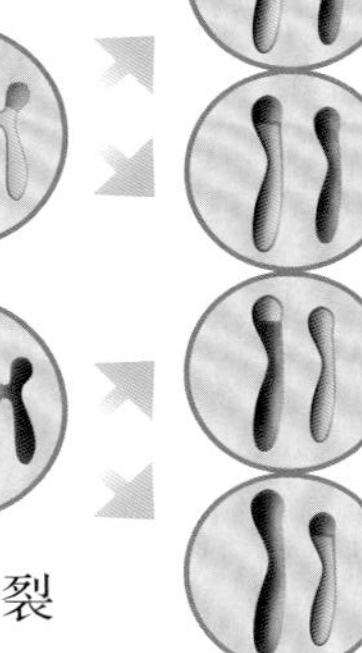

更多高级真核生物在繁殖时进行**减数分裂**，产生卵子和精子。在分裂之前，细胞会混合来自父母双方的 DNA。然后，细胞分裂成 4 个子细胞，每个子细胞中含有正常细胞的一半 DNA。子细胞需要通过有性繁殖与其他子细胞融合，产生包含有完整 DNA 的细胞，这时细胞就可以通过有丝分裂自我复制，产生更多的细胞，生物体就开始生长了。

细胞里的工厂

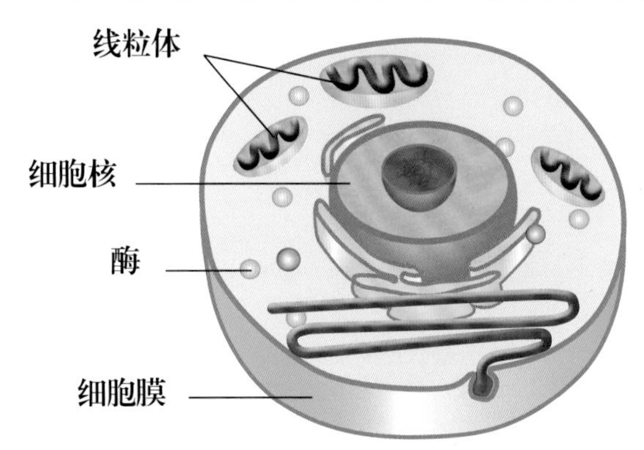

人体里的每一个细胞都如同一个全速运转的小工厂。在细胞内，每秒有*成千上万的化学反应*产生——带来能量，构建身体，让你能呼吸、运动、思考。

食物处理厂

酶是细胞工厂中干劲十足的工人。一个细菌中就有 1000 多种不同的酶。酶时刻不停地进行催化反应，分解或合成分子。酶是由蛋白质组成的，每一种酶都有着独一无二的形状，因此酶可以结合特定的分子，进行特定的催化反应，而且整个过程十分高效。酶是根据它们处理的化学分子来命名的，下图的酶叫作麦芽糖酶。

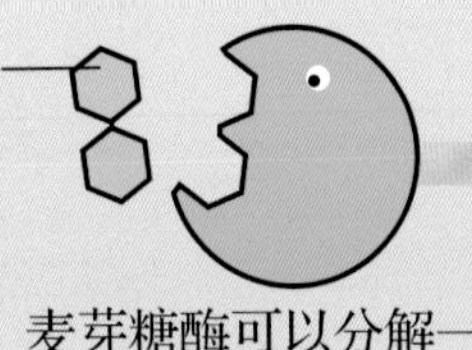

麦芽糖酶可以分解一种叫作麦芽糖的糖类。

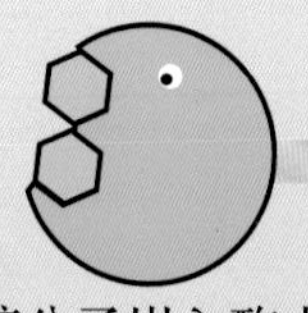

麦芽糖分子嵌入酶中，中心化学键被酶破坏。

这样就产生了两个葡萄糖分子，释放到细胞中。

一个麦芽糖*酶* 1 秒能处理 ***1000 个麦芽糖***分子。

能量工厂

酶最重要的工作之一就是为细胞提供能量。有一组酶能催化叫作糖酵解的反应过程，将葡萄糖转化成新的化学分子。反应后产生两个丙酮酸分子和两个富含能量的化合物分子——三磷酸腺苷，简称 ATP。一些 ATP 被储存起来，余下的和丙酮酸一起进入线粒体。

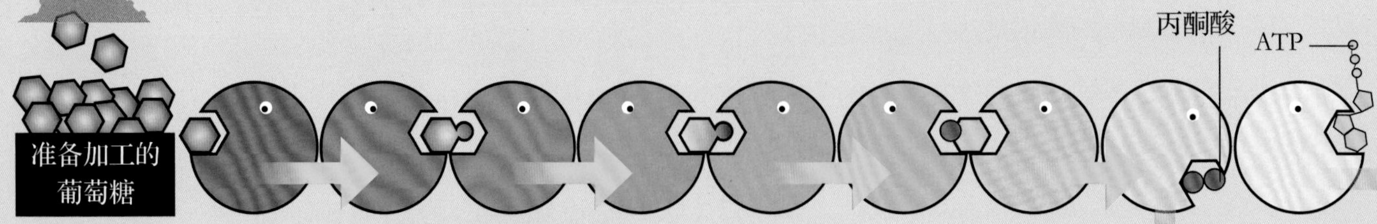

糖酵解的字面意思就是**“将糖分解”**。

细胞膜

人体每小时

控制中心

细胞核只有在真核生物中才有，起到了控制中心的作用，可以接收和发出信息，指导细胞运转。细胞核还要控制细胞的生长与繁殖。细胞的“蓝图”——DNA，就存在于细胞核中。DNA 盘曲成束，形成染色体。染色体上控制特定蛋白质合成的区域叫作基因。人类体细胞含有 46 个染色体，上面有 3 万多个基因。当细胞需要合成新的蛋白质时，DNA 就会解开螺旋，复制特定的基因区域，合成蛋白质。

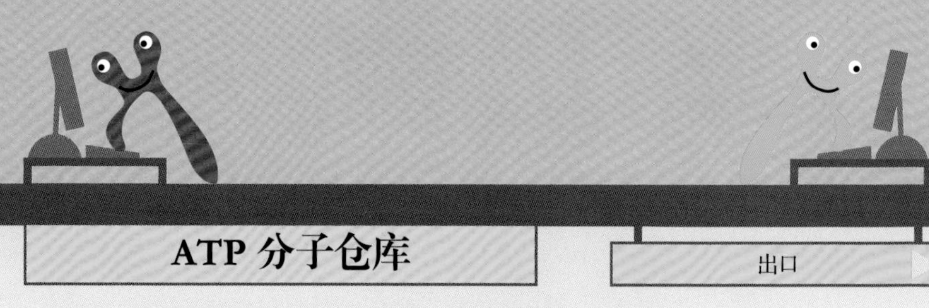

ATP 分子仓库

出口

ATP 对细胞来说至关重要。它能帮助物质进出细胞膜，为细胞的各项功能提供能量，还能起到“开关”的作用来控制化学反应。ATP 通过脱掉一个或多个磷酸基团释放能量。每个细胞都含有超过 1 亿个 ATP 分子，持续不断地使用和循环。

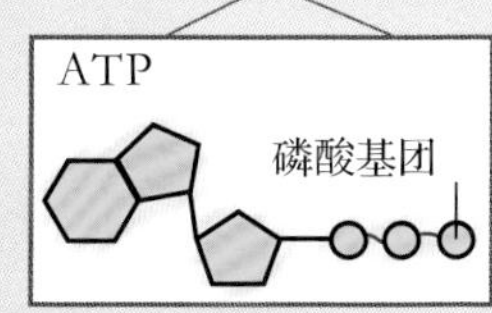

我们今天分解了将近 1 亿个分子。

磷酸基团

细胞膜

准备进入 ATP 仓库

去往线粒体

在线粒体里进行着反应的第二步，称为三羧酸循环。这时，丙酮酸被分解成二氧化碳、水，并产生更多的 ATP 分子。

会更换 *1 亿*个细胞。

特殊细胞

人体含有 200 多种不同种类的细胞。一些相似的细胞组合起来形成组织，不同的组织又结合起来形成器官，如大脑、心脏、皮肤、肺脏等。组织中的细胞高度特化，有着特殊的功能，如血细胞、毛发细胞、脂肪细胞、骨细胞、色素细胞及让你能分辨色彩的视细胞。

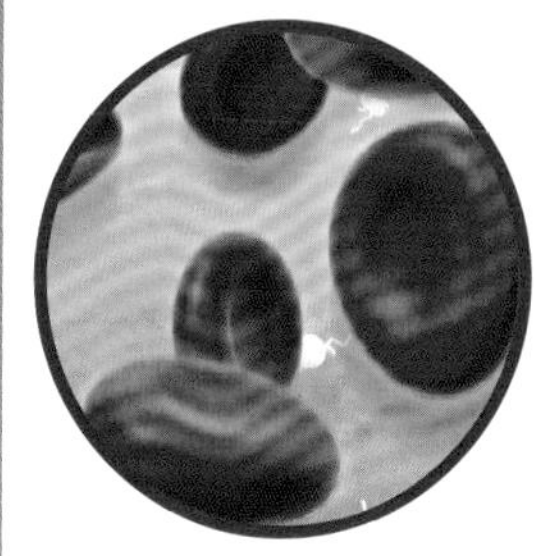

血细胞将氧气运输到全身各处，并带走二氧化碳。每隔 120 天，人体中的血细胞就会全部更换一次。

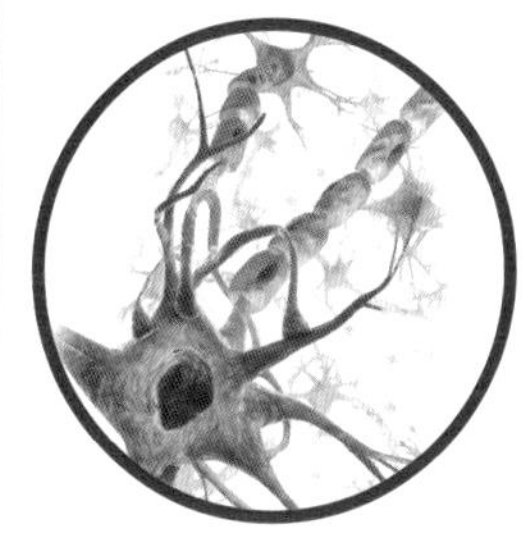

神经元是神经细胞，可以传导电信号。有些神经元可长达 1 米。

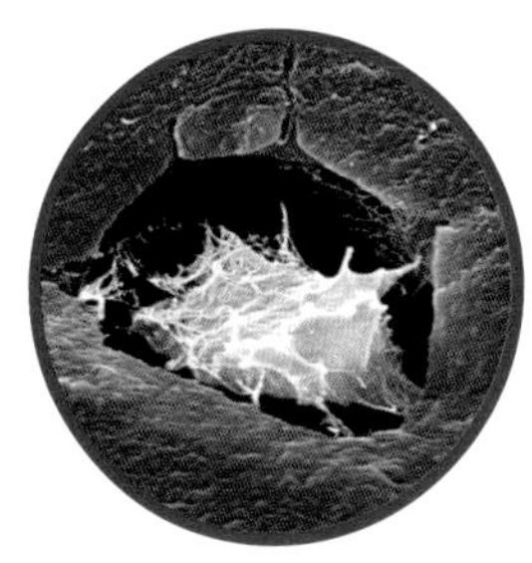

骨细胞是在骨髓中产生的。它们能够使骨骼生长，让骨骼更坚固。

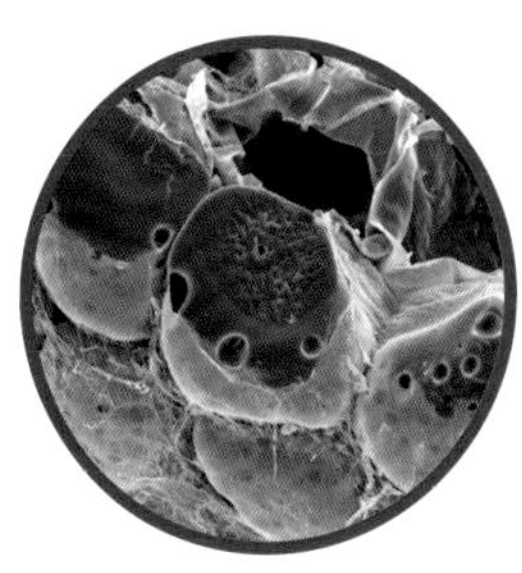

脂肪细胞用于储存能量，还能防止身体散失热量。脂肪细胞主要分布在皮肤下方和脏器周围。

绿色能量

植物和动物一样，需要赖以为生的养分。与动物不同的是，植物不能移动，也就不能主动觅食，因此它们必须自己制造养分。植物通过光合作用为自己生产养分，原材料就是二氧化碳、水和阳光。

生活在阳光下

所有的有机体都需要能量才能生存，它们大多是从太阳那里得到的，它以阳光的形式来到地球上，其中只有非常少的一部分被植物吸收。植物利用阳光在叶片中产生高能化合物——糖类，然后储存起来。糖类在细胞中分解时就会释放能量，细胞才能实现各种功能。蓝藻和一些细菌也能进行光合作用。

动力细胞

将阳光转化成养分的反应发生在植物的叶片中。叶细胞中充满了微小的细胞器——叶绿体，光合作用就是在这里发生的。叶绿体中含有一种绿色的色素，称为叶绿素，因此我们平常看见的植物大多都是绿色的。

叶绿体

进入叶子里

空气通过叶片背面的微小开孔——气孔进入叶子中。空气中含有 0.04% 的二氧化碳，但已经足够让植物制造养分了。光合作用需要的水通过植物的根吸收，沿着茎干来到叶细胞。

叶片横切面

气孔

在每平方毫米的叶片中含有

叶绿素

叶绿素是一种非常重要的分子，因为它能捕获阳光。叶绿素不是植物体内唯一的色素，但却是最普遍的。其他色素可以吸收不同波长的阳光加以利用。

改变颜色

到了秋天，白天变得越来越短，叶绿体吸收的阳光也就越来越少了。有些树木开始落叶。这时叶片中的叶绿素分解掉了，只留下叶黄素和叶红素。这些红色、紫色、深红色的色素是在叶子里用糖类制造的。

秋天树叶变黄

梅尔文·卡尔文

植物是这样产生能量的：

二氧化碳+水+阳光=葡萄糖+氧气

这个过程叫作光合作用。

美国科学家**梅尔文·卡尔文**发现了光合作用中暗反应阶段是如何进行的——他因此在 1961 年获得了诺贝尔奖。

光……

光合作用可以分为两个阶段——光反应和暗反应。在光反应阶段，阳光被叶绿素捕获，其中的能量用于产生 ATP ——一种在细胞中传递能量的分子（见第16 ~ 17页），然后水分子分解为氧气，并通过叶片背面的气孔排放到大气层中。

……与暗

ATP 在暗反应中提供能量，将二氧化碳转化为葡萄糖。一些葡萄糖被植物细胞分解，用于释放能量，实现细胞功能，其余部分则转化为更复杂的糖类——淀粉，并储存起来。当植物需要时又会将淀粉转化为葡萄糖。

80 多万个叶绿体。

生命的需要

生命所必需的东西其实非常简单：能量、水和可供生长的空间。大多数生命形式还需要氧气、营养物质、住所和适宜的温度。

能量

没有能量，任何生命都无法存活。地球上最主要的能量来源是太阳。动物不能直接利用太阳能，但是植物和其他一些有机体，如蓝藻，可以捕获阳光中的能量，并以此制造养分。植物被植食动物吃掉，而植食动物又被肉食动物和杂食动物吃掉，这样，植物中的能量就进入了动物体内。

水

所有的生物都需要水。细胞的大部分组成都是水，而且水在运输物质进出细胞中发挥了重要的作用。一些生物能利用很少的水存活下来。沙漠植物和动物，如仙人掌和骆驼，能够耐受极端的干旱天气，还能迅速补充并储存大量的水分。与此相反，鱼类和一些水生动物终其一生都生活在水中。

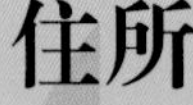

住所

大多数动物在生命的某个阶段都需要寻找可以栖身的住所（见第 60 ~ 61 页），这样它们才能躲避捕食者及坏天气、睡觉或是安全地产下小宝宝。没有住所，动物可能就会成为捕食者的盘中餐。植物就没那么幸运了——它们不能自如运动，因此必须采取不同的对策，来抵御恶劣天气和想吃掉它们的动物天敌。

生活空间

所有生物都需要特定的生活空间，不过，不同生物所需要的空间实在是差距太大了。细菌可以生存在非常微小的地方，而一只东北虎的领地大概有 300 平方千米。如果没有足够的生活空间，种群就会变得拥挤不堪，对食物、水、配偶的竞争会非常激烈，传染病也会迅速传播开来。

温度

从炎热的赤道到冰封的两极，地球上有着多种多样的气候环境。虽然这些极端地区看起来气候十分严酷，但却依然有生物生存。南极洲的气温能低至-40℃，比你家里的冰箱温度低太多了！然而帝企鹅正是在这里用几个月的时间在冰冻的土地上孵蛋，沃斯托克湖厚厚的冰层下也有生命存在。而在温度能高达 60℃的南非沙漠，也有动物和植物的踪迹。

营养物质

我们都需要依靠营养物质来构建和修复身体组织，发挥细胞功能及产生能量。动物通过食物摄取营养，植物通过根和叶从泥土和空气中汲取营养，细菌则直接通过细胞膜吸收营养。营养缺乏会影响健康——如缺乏维生素 C 可导致坏血病，所以一定要多吃水果！

氧气

所有动物都需要氧气。唯一的例外是生存在无氧环境中的细菌，如生活在牛胃中的细菌。大气层中的氧气几乎全是植物通过光合作用产生的。植物将二氧化碳转化成养分，并向大气层释放氧气。所以，你家阳台上的花花草草可是非常有用呢！

生物多样性

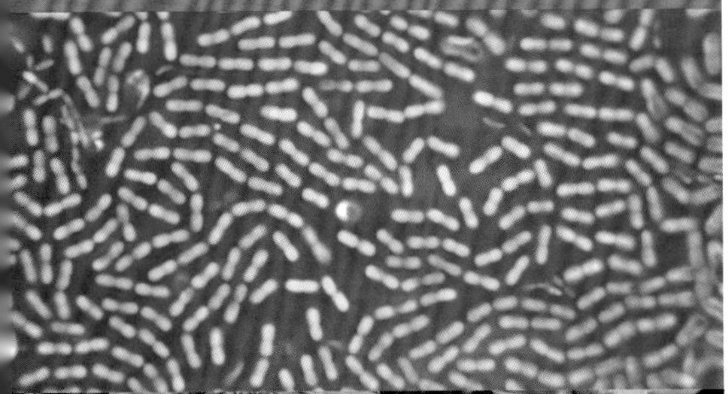

最开始的生命
不过是一个小小的单细胞，那如今与我们一同生活在地球上的800万种动植物是怎么来的呢？*它们为什么如此不同？*答案就是“进化”。在这个过程中，有机体***发展出了***各种各样适应环境的特性。

六大界

细菌界

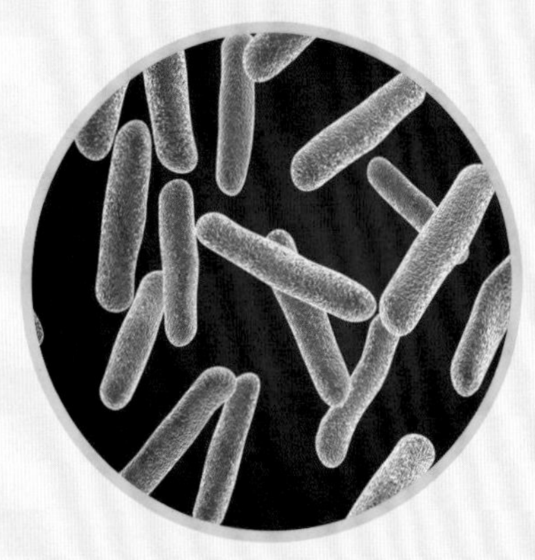

生物类型：简单的单细胞细菌
分布：全世界

从最早向大气层释放氧气的蓝藻到引起疾病（如伤寒、霍乱）的致病菌，在全世界各个角落都可以发现细菌的身影。有益菌可以把牛奶发酵成酸奶，也可以净化污水。

古细菌界

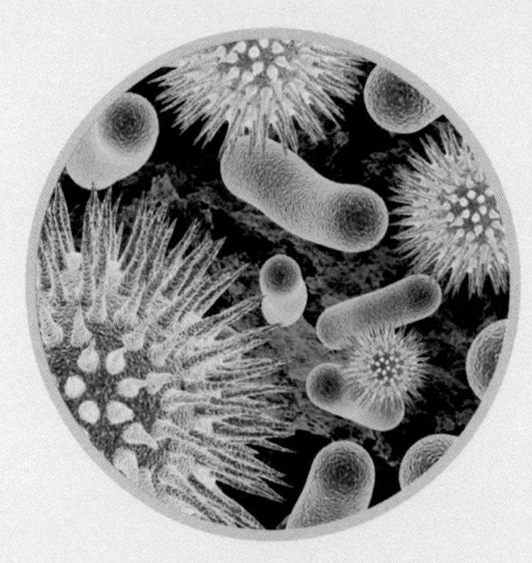

生物类型：简单的单细胞细菌
分布：严酷的生境

古细菌被认为是地球上最古老的生命类型之一，它们生存在令人难以置信的极端环境中——沸水、放射废料堆、酸池或碱池中，类似生命起源时的地球环境。

原生生物界

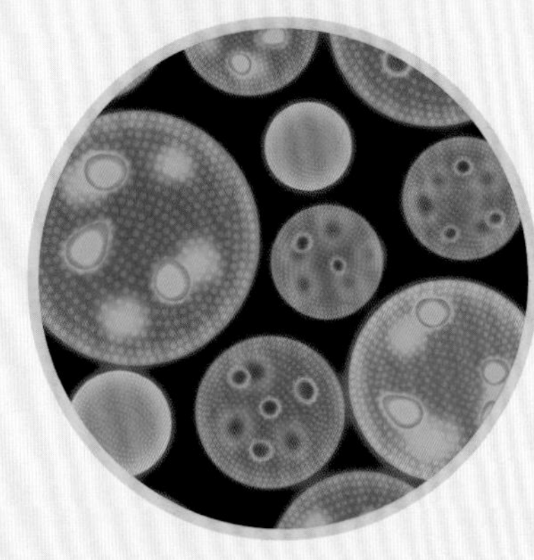

生物类型：变形虫、黏菌类、藻类、原生动物
分布：主要是海洋或淡水中，有些生活在陆地上

原生生物界的成员差异很大。它们主要是微生物，由具有核仁的复杂单细胞组成，但也包括一些大型的多细胞海藻。有些原生生物自己制造食物，有些取食其他生物。

物种分类

界是非常大的分类单元，所以科学家又继续细分，直到最后剩下一个不可再分的生物类型，这就是物种。分类的依据是亲缘关系的远近。狮子的分类见下图：

为了便于分类和理解，科学家根据亲缘关系把生物分成了六大类群，称之为界。其实一开始只分成两个界——动物界和植物界，但之后科学家发现了越来越多的微小生物，因此最终分成了六大界。

真菌界

生物类型：蘑菇、霉菌、酵母菌
分布：全世界

真菌最开始被分到了植物界，直到科学家发现它们并不能自己制造养分，而是靠分解死亡的动植物来获得能量。真菌包括简单的单细胞生物和复杂的多细胞生物，它们与动物的亲缘关系比植物还要近。

植物界

生物类型：藻类、苔藓、松柏、开花植物
分布：全世界，两极地区较少

植物是可以自己制造养分的多细胞生物。从最微小的苔藓到参天大树都属于植物，它们几乎遍布全世界，包括浩瀚的海洋。植物对大气层中氧气的形成起到了重要的作用。

动物界

生物类型：昆虫、鱼类、哺乳类、甲壳类、爬行类、两栖类
分布：全世界

动物的种类包罗万象，从最简单的生物形态，如没有大脑、神经系统和脊髓的海绵动物，到高度复杂的哺乳动物，如人类。动物不能自己制造食物，所以它们必须以其他生物为食。

我们了解自己的地位——我们是猫科家族中的国王和王后。

千变万化的物种

进化与变异

世界上有这么多种生命的原因就是进化。进化是生物在千百万年间逐渐发生改变的过程。外形或习性方面仅仅一个微小的改变就有可能增加生物生存的机会。这些适应环境的改变成功地传给后代，使得后代与祖先完全不同，一个新的物种就产生了。

我总有一天会变成大象的！

始祖象

嵌齿象

自然选择

每种生物通过适应性，占据生态系统中独一无二的生态位。这样才能避免相似的物种为同样的资源而“大打出手”。如果两种相似的鸟类以同样的食物为生，就可能不能共同生活在一棵树上；如果其中一种的喙短一些，适合捕食昆虫，而另一种的喙长一些，适合啄食花蜜，那它们就可以栖息在同一片生境；如果两种鸟类都以捕食昆虫为生，那其中更擅长捕捉昆虫的鸟类就会将另一种鸟类慢慢排挤出去。只有最适应环境的物种才能生存下来，这就是自然选择。

喙细长、吃花蜜的鸟

紫旋蜜雀

喙短粗、吃昆虫的鸟

猩红比蓝雀

2008 年我才被发现，但直到 2019 年我才被《科学》杂志正式描述！

科学家称这只有着长鼻子的青蛙为匹诺曹树蛙，这个可爱的名字源于童话故事中的木偶“匹诺曹”。

发现之旅

现在，虽然人类的足迹已经几乎遍布全球，但还是有一些地方无人到访。比如人们对于深海就知之甚少，因为很难潜入如此深的海底。科学家估计海洋里可能有 100 万种生物，而我们目前只认识其中的 20%。

*地球上生活着数百万种物种。*生物种类实在太多了，很难完全统计。科学家估计生物的种类大概在 200 万到 1 亿种之间，最通行的说法是 870 万种。不过，其中只有 180 万个物种得到了命名和描述。

大象的长鼻子实际是上唇和鼻子的延伸。在数百万年间的进化中，大象祖先的门牙变得越来越长，形成了长而弯的象牙，因而象鼻也跟着延长，使得大象能自如地取食。那些鼻子更长的大象更容易生存下来。

猛犸象

大象

到底有多少种?

已命名的物种最多的类群当属动物，然后是植物、真菌、原生生物。我们只能估计出细菌的种类。不过，物种已经达到数百万种了。

动物	160 多万种
植物	40 多万种
真菌和原生生物	10 多万种

中断的进化线

当一个物种的最后一个个体死亡时，这个物种就灭绝了。灭绝是一种自然现象——地球上曾经生存过的 99% 的物种都灭绝了。大多数生物在无声无息中慢慢灭绝，然而历史上存在着 5 个生物大灭绝时期，在短短的时间里，许多生物同时灭绝了。这是自然环境急剧改变的结果，如小行星撞击地球、猛烈的火山喷发、气候变化等。科学家认为现在正是第六次生物大灭绝时期，由于生境缺失、污染、人为捕猎等因素，今天的物种灭绝速度大大加快。而这一切大多是由人类活动导致的。

新物种

每年都会有新物种被发现。仅在 2018 年一年，研究人员就发现了 229 种新的动植物物种。大多数新物种都是小型无脊椎动物，甚至也发现了数量惊人的哺乳动物、两栖动物和爬行动物。还有许多新发现的物种等待着分类和命名，因为需要确定它们究竟是真正的新物种，还是已知物种的变种。

这只巨型长毛鼠是于 2009 年在巴布亚新几内亚的一个死火山口中被发现的。

生命的进化

把 46 亿年
时间压缩成一天……

地球上的生命在大约 35 亿年前出现。在很长一段时间里，生命以单细胞有机体的形式，生存在那时严峻的环境里。改变慢慢发生了——出现了动物和植物，并从海洋登上了陆地。从生命的最初到今天我们熟悉的动植物，生命的进化用了令人难以想象的漫长时间，如果我们把这个过程压缩到一天，那我们人类直到最后一分钟才出现！

00:00 01:00 02:00 03:00 04:00 05:00 06:00 07:00 08:00 09:00 10:0

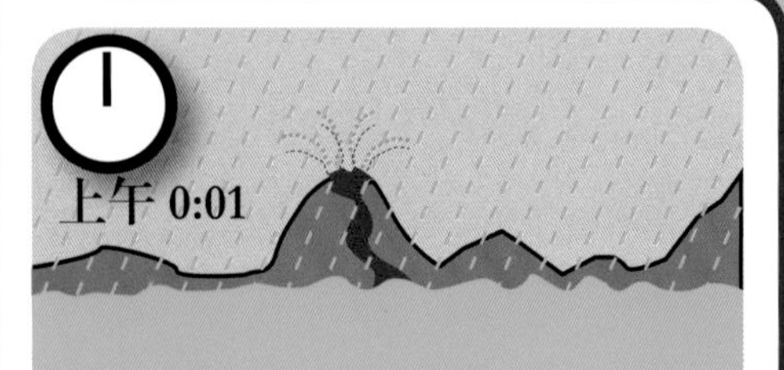

一切开始

地球形成了。那时的地球就像一个包裹着有毒气体的炽热岩石块。在地球慢慢冷却下来时，表面逐渐凝固形成地壳。地球上开始降雨，汇集形成海洋。

46 亿年前

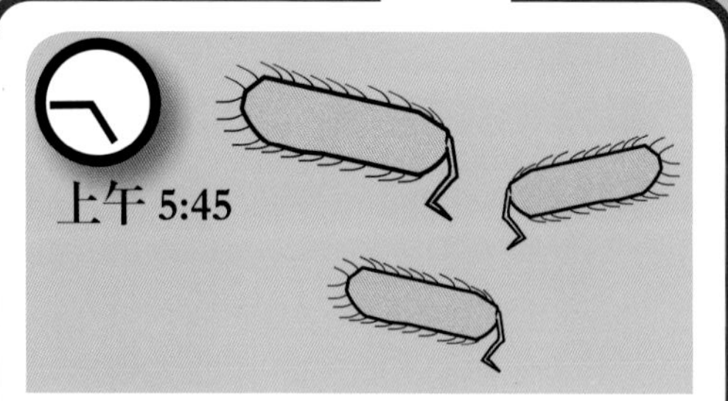

生命伊始

此时，地球上的环境依然十分恶劣，但在海洋中出现了简单的原核生物。有些原核生物——蓝藻，开始向大气层中释放氧气。

35 亿年前

*在前 **30** 亿年，变化不大！*

在这样的时间尺度下，***每分钟***相当于 ***320 万年***。

15 亿年前

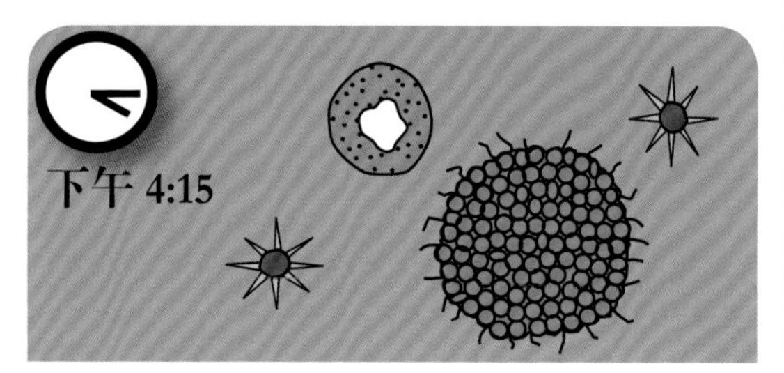

越来越复杂

多细胞生命开始出现。其中一些就是现在所有动物、植物和真菌的祖先。当时地球上的陆地面积并不大，也不适于生物生存，所以生物都生活在水中。不过，当时的大气层中已经有了足够的氧气。

7 亿年前

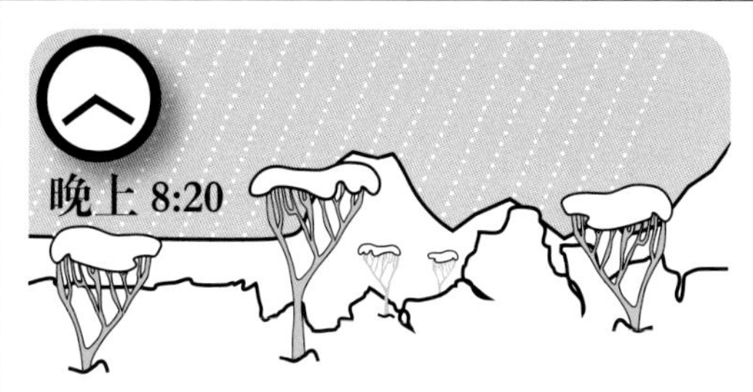

冰封的地球

地衣和其他一些简单的植物体登上陆地。然而，此时地球开始变冷，大多数植物在冰天雪地之中灭绝，一些物种在陆地和深水区幸存了下来。

:00 12:00 13:00 14:00 15:00 16:00 17:00 18:00 19:00 20:00 21:00

复杂的细胞

复杂的真核细胞第一次出现。此时的地球上笼罩着强烈的太阳射线，因此生物如果离开水环境（水起到了保护作用），依然很难生存。不过，保护性的大气层开始逐渐形成。

18.5 亿年前

开始登陆

有机体开始尝试更多的挑战。真菌和多细胞绿藻离开浅水区，来到陆地边缘生活。海滩上第一次出现了生命。

12 亿年前

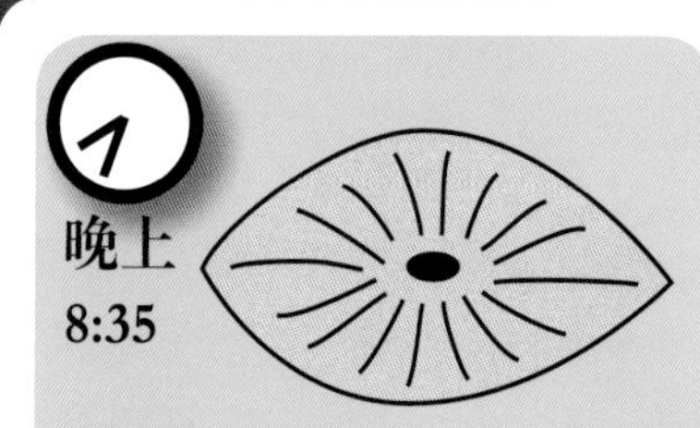

柔软的生命

随着地球逐渐回暖，一类有着柔软身体的动物出现了，并进化形成许多不同的种类，其中包括原始的海绵动物和水母。

6.3 亿年前

生命的进化在继续

5.4 亿年前

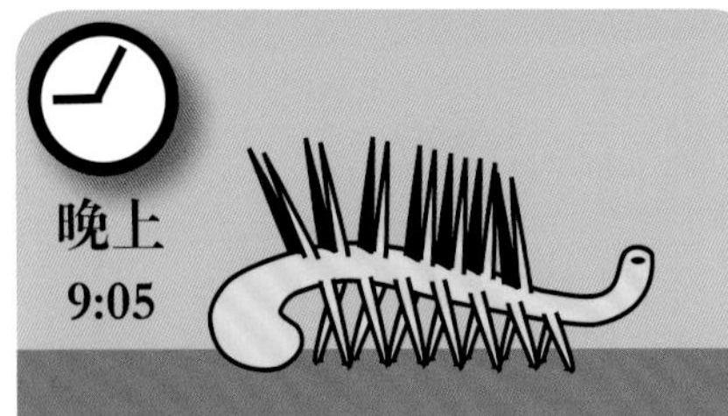

全副武装

此时，突然出现了数千种全新的无脊椎动物。一场进化史上的“军备竞赛”就此展开：坚硬的甲壳、利齿、眼睛、棘刺、肠道、足都出现了。地球变成了“大鱼吃小鱼”的战场。

3.8 亿年前

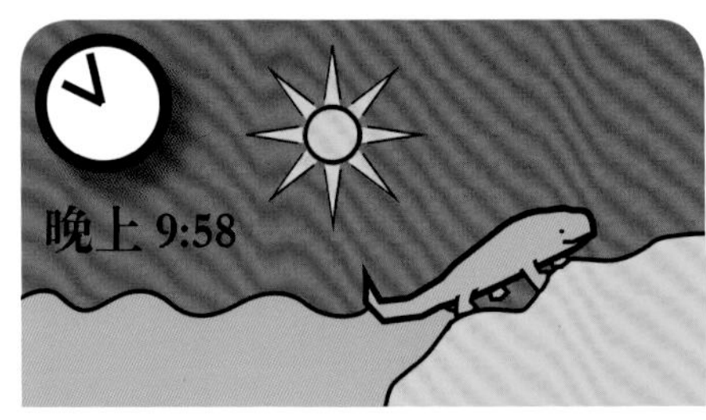

站起来

此时，有些鱼类用鱼鳍撑起身体，来到水面上呼吸空气，它们还发展出了一种全新的本领——行走。这些会走路的鱼形成了最早的两栖类。爬行昆虫也开始进化了。

3 亿年前

坚韧的铠甲

有些两栖类发展出干燥、布满鳞片的皮肤，蛋的外面也裹着坚韧的革质外壳，使得它们可以在陆地上繁殖。它们进化成了爬行类。

21:00

22:00

骨骼出现

第一批脊椎动物出现了，这就是无颌鱼类。它们体内简单的骨骼可以支撑肌肉质的身体，使得移动速度更快，体形也能长得更大。

5.3 亿年前

走为上策

简单的陆地植物开始扎根，有一些“勇敢”的古蟹和古蝎子开始探索这个更干燥的环境。这是个明智的决定，因为此时水中的鱼类长出了颌！

4.5 亿年前

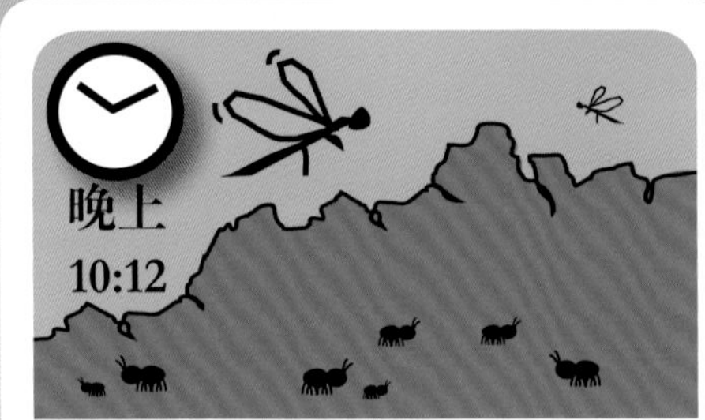

来到树顶

植物长得越来越高大。海滩边的原始树木形成郁郁葱葱的森林。有些植物产生了种子，扩散到更远的陆地。昆虫长出了翅膀，开始在空中飞行。

3.5 亿年前

晚上 9 点以后，*进化*才开始*加速*！

1.55 亿年前

飞上天空

一类长有羽毛的恐龙学会了飞行，最终进化成鸟类。鲨鱼、爬行类、两栖类，已经与今天的模样相差无几。昆虫开始为开花植物授粉。

25 万年前

进化链的末端

人类出现，由能用两条腿直立行走的祖先进化而来。同时期的另一个人种是尼安德特人，他们和人类一起在地球上并存，直到 2.5 万年前灭绝。

23:00　　24:00

恐怖的爬行动物

此时的地球被爬行动物统治——翱翔于天空、畅游于水中、驰骋在大地上。这是恐龙的时代，有些恐龙长得非常巨大。开花植物、针叶植物、蕨类植物形成了郁郁葱葱的森林，让这些巨大的怪兽可以藏身其中。

2.4 亿年前

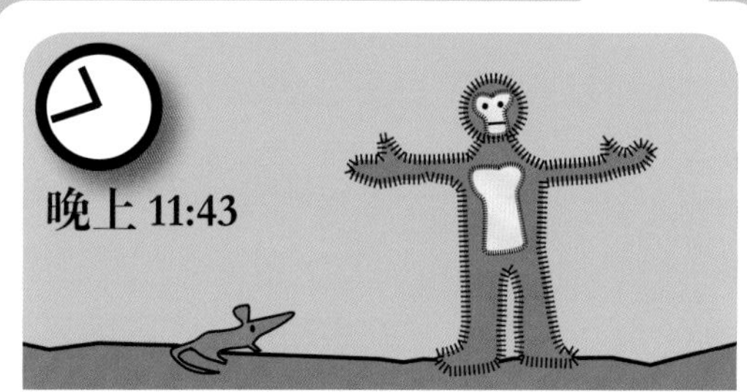

哺乳动物的崛起

在一颗小行星撞击地球和火山喷发的双重夹击下，巨型恐龙灭绝了。而小型哺乳动物却抓住这个进化良机，兴旺发达起来。人类祖先开始从猿类中分支出来。

6500 万年前

一片

维管植物

大多数植物属于维管植物，包括蕨类植物、针叶植物和开花植物。绝大多数植物都能产生种子，种子是在花、果实或是球果（见第 80 ~ 81 页）中生长的。维管植物可以长得很高，因为它们的细胞壁中含有一种坚韧的聚合物——木质素。

地球上大约有**40万种**植物。如果没有植物，大气层和海洋里就不会有足够的**氧气，动物也就无法存活**。除了冰封的两极、干旱的沙漠及深海，植物几乎遍布全球。

开花植物

开花植物是植物中种类最多的类群，超过 30 万种，其中 1/4 都属于三大科，即兰科、豆科和菊科。

针叶植物

针叶植物都是树木，有着长而窄或者鳞片状的针叶。它们的种子在保护性的球果中生长，直到落地才脱落。针叶植物包括松树、西洋杉、红杉等。

蕨类植物

蕨类植物也有根、茎、叶，但它们靠孢子繁殖。世界上有大约 1.2 万种蕨类植物，包括蛇舌蕨、松叶蕨等。

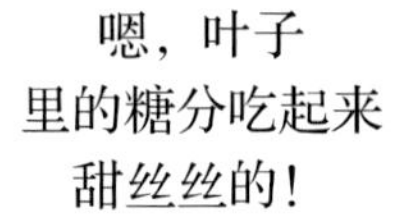

花瓣

花苞

茎

叶

根

开花植物的每一部分，如这棵木槿，都有着特定的功能：叶制造养分，根吸收水分，花则产生种子用于繁殖。

绿色

植物可以根据如何吸收水分及如何繁殖而分成两大类群。通过根系从土壤中吸收水分的植物称为维管植物，它们含有特殊的细胞，贯通茎干，使水分可以从根直达顶端。

非维管植物通过类似叶片的部分吸收水分，因为它们*没有特化出根或茎*。所以它们必须生活在潮湿的地方，否则就会很快**因缺水**死去。

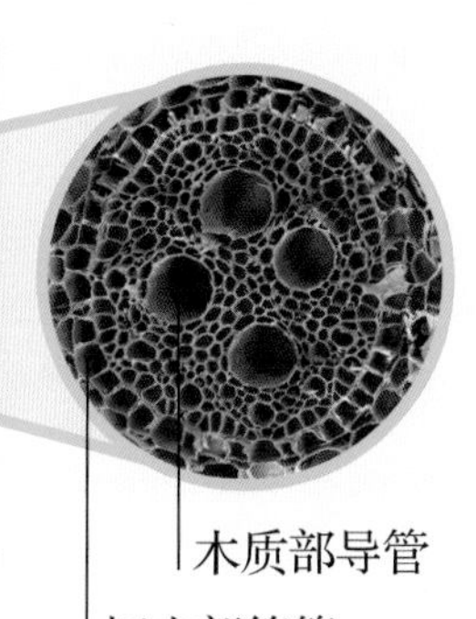

到茎里去

维管植物的茎部中含有两种管道。木质部导管能将根吸收的水分运输到叶和花，韧皮部筛管则将叶中制造的糖类输送到植物全身各处，植物就能利用这些养分生长繁殖了。

非维管植物

非维管植物包括藓类、苔类、绿藻等。它们不会开花，而是用孢子繁殖后代。不像具有特化组织的维管植物，它们通常长得比较低矮。

藓类

是一类生长缓慢的小型植物。它们几乎没有根，而且必须通过叶片吸收水分。在繁殖时，它们会长出一根根细茎，膨大的顶端中充满了孢子。

苔类

有着带状的叶状体或者层层叠叠、边缘分裂的叶。它们通常不会超过10厘米，通过细茎上的孢子繁殖。

绿藻

种类非常多，从简单的单细胞植物到大型海藻都有。哪里有水哪里就有藻类——甚至是在冰雪之上。它们通过散播孢子繁殖。

在晚上长出来

有点儿像动物

许多年以来，科学家都把真菌划分到植物界。然而，它们更像是动物。真菌的细胞壁中含有几丁质，这是昆虫和甲壳动物外甲的主要组成成分。真菌还通过葡萄糖储存能量，在动物的肌肉和肝脏中也可以找到这种碳水化合物。然而，植物的细胞壁中含有木质素，通过淀粉储存能量。

蘑菇

蘑菇是深藏在地下的真菌的“果实”，有着各种各样的形状，如伞状、薄饼状、泡芙状、蜜饯状等。有些蘑菇可以食用，而且是很好的蛋白质来源，如羊肚菌和松露——而且还非常美味哦！但其他种类的蘑菇则有毒而不能食用，如鬼火蘑菇就有剧毒，有些蘑菇颜色非常鲜艳，可以用来给纺织品和纸制品染色。

如果没有经过专家鉴别，千万不要食用野蘑菇！

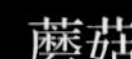

菌盖

解剖真菌

平时很难看见真菌，因为大部分真菌都隐藏在地下。大多数真菌通过长长的菌丝形成菌丝体，在土壤中延伸。只有携带孢子的子实体才会露出地表，这就是我们熟知的蘑菇。子实体由菌柄、菌盖（或菌伞）及含有孢子的菌褶构成。

菌褶

菌托

菌柄

菌丝体

开始萌发

菌伞逐渐打开

真菌不能自己制造养分，所以它们从土壤或动植物尸体中汲取养分。它们可以分泌消化酶，分解并吸收所需的营养物质。还有一类真菌是寄生性的——它们通过寄生在其他生物体上获得自己所需的养分，如一棵树。真菌通过树获得了食物，而有时候树也能通过真菌的菌丝体得到额外的养分。

蓝纹奶酪中的蓝色纹路是由缝隙中的霉菌

真菌是不可思议的生物——它们常常在一夜之间，从你完全意料不到的地方长出来。这是因为我们周围到处都是它们微小的孢子。蘑菇通常在雨后冒出来，这时湿润的环境很适合散播孢子。发现蘑菇的最佳地点是森林中的落叶堆下。

多孔菌　　鬼火蘑菇　　伞菇　　羊肚菌

霉菌

霉菌是一类体形微小的真菌。它们的孢子散布四方，生长得也很快，所以你常常能在稍微多放几天的食物上发现它们白色的菌丝。当霉菌开始繁殖时，就会产生各种颜色的孢子——粉色、蓝色、灰色、黑色或者绿色的粉末状物质。

酵母菌

酵母菌是一类单细胞真菌，集群生长，并通过细胞壁直接吸收营养物质。大多数酵母菌生活在富含糖类的液体环境中，如花蜜。有些酵母菌可以将碳水化合物发酵，形成二氧化碳（用于烘焙）和酒精（用于酿酒）。

地衣

地衣其实是两种生物的共生体——真菌和藻类。藻类生活在真菌的组织中，真菌为藻类提供了周全的保护，并为藻类提供水分和营养物质。而作为回报，藻类通过光合作用制造淀粉，也会分享给真菌一部分。这种互惠互利的共生关系使得地衣能在自然环境恶劣的地方生存，如沙漠中裸露的岩石上。地衣的生长速度非常缓慢——有些看起来很小的地衣，其实已经有好几百岁了。

地球上最大的生物是真菌。人们在美国俄勒冈州的一片森林下，发现了一个大约 10 平方千米的真菌，它已经有 8500 岁了！

形成的，完全可以食用哦！

脊椎动物大集合

目前已经有 160 万种动物得到了描述和命名——还有更多的物种等待着被发现。以下是有脊椎的动物——脊椎动物。

哺乳动物

物种数目约：6495 种

主要特征

 直接生下小宝宝

 给新生小宝宝喂奶

 有毛发或皮毛

 体温恒定的温血动物

哺乳动物是目前动物进化的最高级类群。从陆地到海洋，有着形形色色的哺乳动物。绝大多数哺乳动物都直接产下发育良好的幼崽，但有两类动物例外——鸭嘴兽和针鼹，它们属于单孔目。有袋目动物，如袋鼠和考拉，它们新生的幼崽发育不完全，需要住在母亲的育儿袋里，直到能够独立生活。哺乳动物分为肉食动物、植食动物及杂食动物。

斑马

袋鼠

狗

兔

人类

鸟类

物种数目约：10425 种

主要特征

 产卵

 身体覆盖着羽毛

 大多数都会飞

 体温恒定的温血动物

鸟类从恐龙生活的时代进化而来，和巨型恐龙有着很近的亲缘关系。鸟类长着保暖、防水的羽毛，脚上覆盖着角质鳞片，趾上有爪。它们没有牙齿，取而代之的是坚硬的角质喙，喙的形状与它们的食性有关。鸟类轻而牢固的骨骼非常适合飞行。所有的鸟类都有翅膀，但不是所有的鸟类都会飞。有些鸟类，如企鹅，它们的翅膀变成了鳍状，适合于游泳。大多数不会飞的陆生鸟类用翅膀掌握平衡，或是向入侵者示威。

鸵鸟

金刚鹦鹉

知更鸟

火烈鸟

天鹅

企鹅

爬行动物

物种数目约：10038 种

主要特征

 产卵

 有些直接产下小宝宝

 鳞片状皮肤

 体温不恒定的冷血动物

爬行动物是在大约 3.2 亿年前从两栖动物进化来的，那时地球上的气候变得干燥炎热。爬行动物的卵外面包裹着革质外壳，可以在陆地上繁殖，因此它们拓宽了自己的生存空间。由于爬行动物是体温不恒定的冷血动物，所以它们需要在早晨晒晒太阳，吸收阳光中的热量，让自己暖和起来。而一旦它们开始运动，肌肉就会产生热量，当它们身体过热时，会找一个阴凉的地方躲避起来散热。

龟

变色龙

蛇怪蜥蜴

眼镜蛇

鳄鱼

两栖动物

物种数目约：8041 种

主要特征

 产卵

 潮湿的皮肤

 生命中某个阶段在水中度过

 体温不恒定的冷血动物

两栖动物生活在淡水环境附近。它们的卵没有外壳，所以产在水中。两栖动物的幼体又叫作蝌蚪，它们通过鳃呼吸，长长的尾巴可以在水中游动。当它们发育成熟后就会长出可以呼吸空气的肺，尾巴也消失了，从此它们就可以在陆地上生活了。大多数两栖动物需要潮湿的环境来保持皮肤湿润，因为它们还要利用湿润的皮肤呼吸空气。

我的“外套”可是完全透气的。

箭毒蛙

角蛙

火蝾螈

蝾螈

蟾蜍

鱼类

物种数目约：33100 种

主要特征

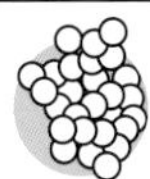 产卵

 有些直接产下小宝宝

 生活在水中

 大多数是体温不恒定的冷血动物

鱼类是第一种长出脊椎骨的动物。鱼类生活在水中，通过头两侧的一对鳃呼吸。鱼类的身体呈流线型，体表光滑或被覆鳞片，因此它们能在水中自如游动。鱼类通过尾部肌肉提供前进的动力，鱼鳍则起到掌舵的作用。游得最快的鱼，如金枪鱼、箭鱼及某些种类的鲨鱼，拥有特殊的血液循环系统，因此它们的肌肉和大脑能保持一定的温度，保证快速游动。有些种类的鱼，如肺鱼，甚至能短时间离开水域而不会死亡。

晚餐时间到了！

金鱼

神仙鱼

狮子鱼

海鳗

鲨鱼

无脊椎动物大集合

大约 97% 的动物都是无脊椎动物——没有脊椎骨的动物，而且它们也没有骨质骨骼和上下颌，取而代之的是坚固的外骨骼或坚硬的贝壳。把无脊椎动物细分的话，有超过 30 个类群——以下只是其中的一部分。

昆虫

物种数目：超过110万种

主要特征

6 条腿

复眼

坚硬的外骨骼

有些长有翅膀

昆虫是种类最繁多的动物类群，可能也是地球上生存最成功的动物类群。它们是第一个飞上天空的生物，开拓了崭新的生境。有些昆虫的幼虫形态与成虫完全不同，如蝴蝶，它们必须经历化蛹这个阶段，这时它们的身体就在蛹中"重建"。其他一些昆虫，如蝗虫，幼虫和成虫差异不大，它们通过一次次蜕皮最终长大成熟。

瓢虫

甲虫

蝴蝶

蛾

竹节虫

甲壳动物

物种数目约：5万种

主要特征

分节的腿

坚硬的外骨骼

蜘蛛蟹

甲壳动物主要生活在水中，不过在陆地上也能发现一些甲壳动物，如地鳖虫。甲壳动物和昆虫是近亲，不过身体分节没有那么明显。有些分节已经愈合在一起，形成一个整体，更好地保护眼睛和头部。虽然螯虾和螃蟹长着两个威风凛凛的大钳子，但更多的是用于防御而不是捕食猎物。大多数甲壳动物吃其他动物的残骸或是水中的有机碎屑。

螯虾

虾

球鼠妇

寄居蟹

蛛形动物

物种数目约：10万种

主要特征  8 条腿  很多都会织网

蛛形动物通常生活在陆地上和淡水中。它们的身体分成两部分——头胸部和腹部。大多数蛛形动物都是肉食动物，它们抓住猎物后，会向猎物体内注入消化液，待消化后才吸食。它们中有些是敏捷的猎手。蜘蛛能吐丝结网，捕获猎物。还有些蛛形动物用毒液麻痹猎物，如蝎子。一些蛛形动物身上有感觉刚毛，触觉十分灵敏。

墨西哥红膝鸟蛛

螨虫

蝰蟷　园蛛

蝎子

软体动物

物种数目约：8.5万种

主要特征  身体柔软  身体不分节  有些具有贝壳

软体动物的身体形态多种多样。有些长着坚硬的贝壳，用于保护和支撑身体。软体动物有神经系统和原始的大脑，而且章鱼和鱿鱼的大脑高度发达。许多软体动物的口中长着微小的齿状结构，称为齿舌，用于刮食岩石上的藻类，或者钻入其他软体动物的贝壳中吃掉猎物。软体动物家族的有些成员擅长各种“自由泳”——扇贝能通过喷出水流前进。其他大部分软体动物则待在水底，靠单独的肌肉质足缓缓前进。

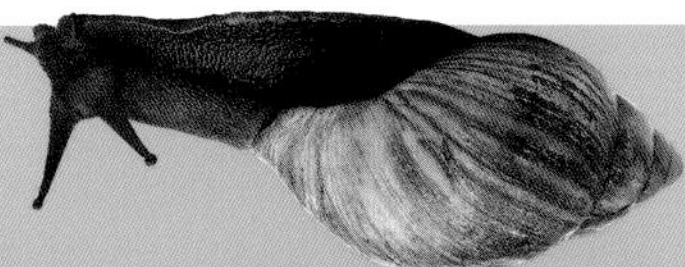
非洲大蜗牛

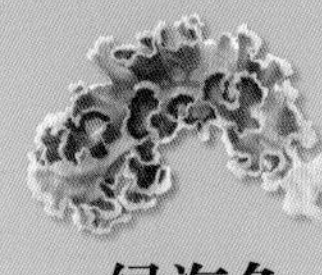
绿海兔

扇贝

巨蛤

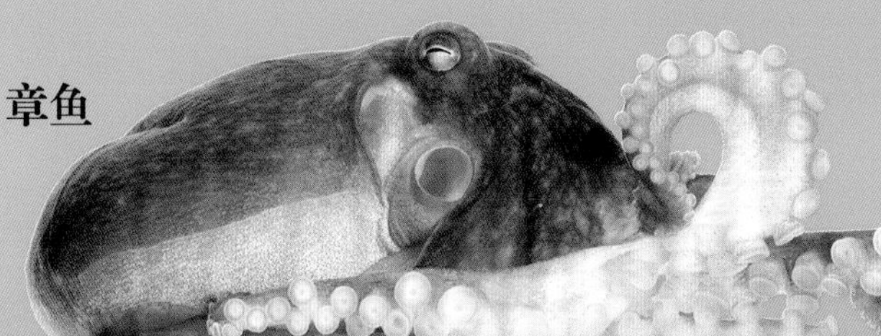
章鱼

刺胞动物

物种数目约：1.13万种

主要特征  身体柔软 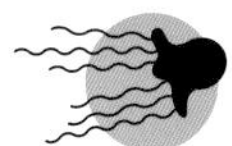 喷出水流，推动身体前进

刺胞动物只生活在水中，它们的身体也完全靠水的浮力支撑。它们能感受光线，但没有真正的眼睛，而主要依靠嗅觉和触觉来侦察捕食者和猎物。有些刺胞动物的触手上有刺细胞，可以分泌毒液。海葵和珊瑚是滤食性生物，靠触手捕获水中微小的食物碎屑为生。

海葵

脑珊瑚

红珊瑚

水母

树丛软珊瑚

微小的世界

地球上大多数生物小到我们用肉眼看不见，但是如果把一立方厘米的空气、水或是泥土通过显微镜观看，你会发现里面充满了生命。这些微小的生命形态称为微生物，其中包括动物、植物、真菌、原生生物，还有细菌。

如今的显微镜越来越先进了，电子显微镜可以把物体放大 50 万倍。

微生物和其他生物一样——有些自己制造食物，有些取食其他有机体。在所有生境——陆地、水、空气中，都可以看见微生物的身影，有些独居，有些构成群落。古细菌可以生活在地球上最严酷的自然环境中——热泉、酸池、深深的地下，这些地方对其他生物来说是致命的。

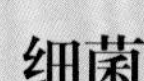

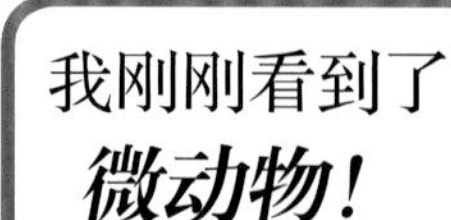

安东尼·范·列文虎克

现在你看见它们了……

虽然用肉眼无法看见微生物，但早在几百年之前，人们就确信有微生物存在，并导致了疾病的发生。直到 17 世纪发明了显微镜之后，人们才得以一睹微生物的真容。显微镜之父——荷兰科学家安东尼·范·列文虎克是第一个看见微生物的人，他把这些小东西称为“微动物”。

细菌

细菌是简单的单细胞生物。最大的细菌大约有 0.5 毫米长，但依然很难用肉眼看见。细菌有球状、杆状及螺旋状等。有些细菌可以聚集形成链状、丛状、片状。细菌有对人类有益的，也有对人类有害的。

乳酸菌

有益菌

可以把牛奶发酵成乳酪或酸奶，净化污水，帮助牛消化草，分解死亡生物体、将养分“归还”给土壤。

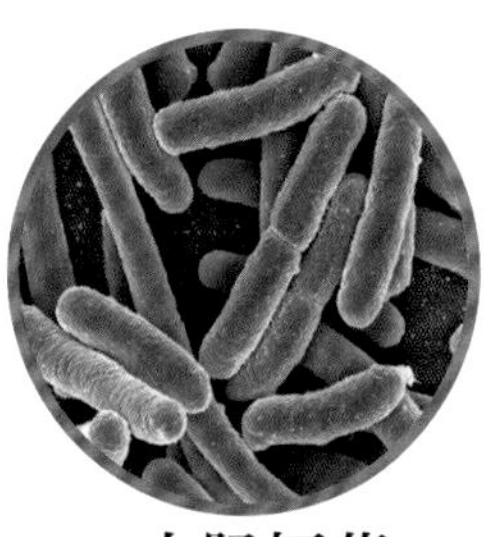

大肠杆菌

有害菌

导致动植物疾病的发生，污染水源和食物。

疟原虫

原生动物

这是微生物中最高等的生命形式，属于原生生物界。很多原生动物拥有细菌没有的特点，如鞭状尾、刚毛或是可以用于移动的足状突起（称为伪足）。它们以细菌、单细胞藻类、微小真菌为食。原生动物也能导致疾病，如疟疾。

蓝纹奶酪霉菌

真菌

大多数人以为真菌就是蘑菇，但其实世界上还有许多真菌小到肉眼看不见。有些真菌能导致疾病，比如人们得的脚气和皮肤癣，还有植物的枯萎病。真菌也有有益菌，酵母菌用于制作面包、酱油，霉菌用于制作蓝纹乳酪。真菌还能用来生产杀死细菌的抗生素。

浮游生物

浮游生物

如今海洋中数量最多的生物是细菌，它们与其他微小的动物、幼虫和藻类一起称为浮游生物。浮游生物集中在海洋表层，为其他更大的动物提供了丰富的食物。它们的英文名字“plankton”来自希腊语，意思是“漂浮”，因为它们总是在海洋中随波漂浮。

显微小测试

你能猜出下面这些图片里是什么吗？看一看提示吧：

1 具有美丽色泽的鳞片能让这种昆虫更好地飞行。它们是优雅与精致的代名词。

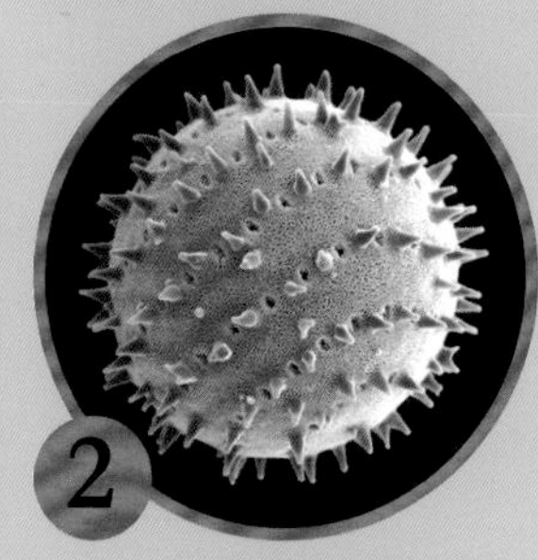

2 如果你容易过敏，你肯定不会喜欢它们。但没有它们植物就无法繁殖了。

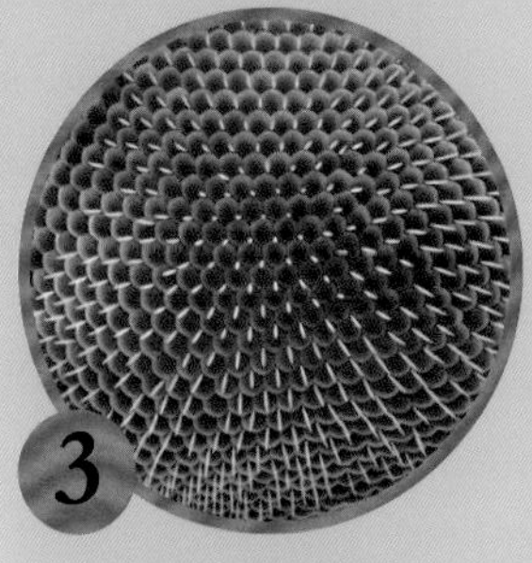

3 由数百个小透镜组成的很有用处的器官。拥有这种器官的小动物可是很难被逮住哦！

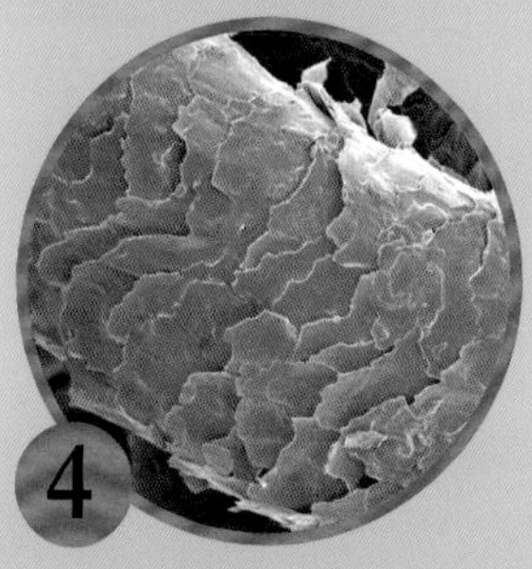

4 这些重重叠叠的扁平状死细胞能保护我们，它们每天能长 0.3 毫米。

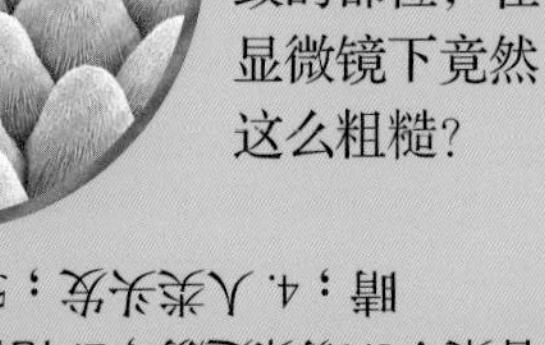

5 谁能想到植物的一个原本那么柔软精致的部位，在显微镜下竟然这么粗糙？

答案：1.蝴蝶翅膀；2.花粉粒；3.苍蝇眼睛；4.人类头发；5.花瓣。

在一个针尖上就有 100 万个细菌。

生活在一起

世界上有**这么多生物**，地球好像有点拥挤。好在大家不会想住在同一个地方，*吃一样的食物*。然而，并不是所有生物都能与邻居**和谐相处**。***生物界充满了竞争***，甚至在同一个物种内也是如此。尽管如此，地球上的所有生物都生活在一个息息相关的大群落之中——一个物种灭绝就会影响到**整个生态系统**。

丰富的世界

在我们的星球上，每个角落都有生命的踪迹。从高山之巅到深深的海底，总有生命能找到生存的一席之地。

谁住在哪里？

虽然地球上几乎任何地方都有生物存在，但生活在热带地区的物种数量还是要比生活在两极地区的多。气候条件、食物的多少，都是影响居住在此的动物类型的重要因素。

生物圈

科学家把所有生物及生存环境称为生物圈，从大气圈的下层到海洋中最深的海沟及全部陆地表层都属于生物圈。生物圈是其他各“圈”的集合——大气圈（空气）、水圈（水）、岩石圈（陆地）和生态圈（生物），各“圈”之间还会相互影响、相互作用。

生物多样性

一个地区的植物、动物、微生物的种类丰富程度就是该地区的生物多样性。如果这个地方自然条件很好，含有丰富的自然资源，如一片热带雨林，就会有非常多的动植物种类；而贫瘠或条件恶劣地区的动植物种类就会很少。

低多样性

中多样性

高多样性

充满了生命

地球上有些地方物种数量极多，称为热点地区。有时候一个热点地区的许多动植物种类都是特有的，在其他地方无法找到。热点地区非常重要，因为丰富的物种数量让这些地方变成了潜力巨大的宝库，新的药物、农作物、科学研究都依赖这个基因库。然而这些地区也吸引了人类居住，常常会造成生境减少、资源过度开发等恶劣影响。海洋中有些区域也是热点地区，这使它们成为受欢迎的潜水场所。

生物多样性的主要热点地区

系统的一部分

没有生物是完全独自生存的。周围总是有着其他生命——植物、动物、细菌、真菌，它们还会和空气、水、土壤、阳光相互作用。像这样的生物体集合就叫作群落，再加上这些生物生存的自然环境，就是生态系统。

生态系统

生态系统可以小到一块岩石中的裂缝，也可以大到整个地球。大型的生态系统也叫作生物群系，其中包含了许多较小的生态系统。每个生态系统都是由许多生境组成的。生境是一种或多种物种生存的地区。生境必须能为有机体提供所需的全部资源，否则它们就会去寻找更适宜的地方生存。

鸟类

找到你的位置

每种生物都有自己独特的生存方式。虽然一片生境中有多种生物生存，但每种生物在群落中都有自己的位置，称为生态位。比如，一片森林可以为一只狐狸提供栖息地，而狐狸的生态位就是捕食者，以居住在这片森林中的其他小型动物为食。而在开阔的草原，草原狼也像狐狸一样占据着捕食者的生态位。但是，草原狼和狐狸永远不可能生活在同一片生境中，因为没有足够的食物同时供给两个生态位一样的物种。

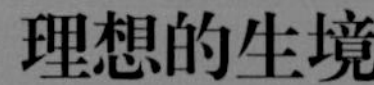

理想的生境

一棵树可以为许多物种提供生境，如鸟类、昆虫、哺乳动物。鸟类栖息在树枝上，以昆虫为食，在树冠间筑巢养育后代。哺乳动物在树根间或树干上打洞，以坚果和种子为生。昆虫咬食树叶，在树上产卵。树依靠鸟类控制害虫，依靠哺乳动物传播种子，而这些生物也通过不同的方式利用树的资源，它们互相影响，彼此依存。

狐狸

昆虫

森林

一直在改变

生态系统总是在不断改变着。一块荒地可能会逐渐变成一片郁郁葱葱的森林，同时也会吸引植食动物来此觅食。这些动物又引来了捕食者。就这样，随着更多的物种迁移到此填补生态空位，生态系统也逐渐变得越来越复杂。最后整个生态系统达到了一个平衡点，所有居住在这里的生物都能恰好得到自己生存所需的资源，既不会缺少也不会浪费。

再循环

生态系统的关键作用之一就是能量、水和营养物质的再循环。再循环是一个非常重要的过程，如果生命所需的任何物质固定在一个不能利用的形态而无法循环，生命就会逐渐消亡。再循环的整个过程长则数百万年，短则一天之内。

碳循环

碳循环是重要元素再循环的一个极好例子。植物吸收大气层中的二氧化碳，用于光合作用（见第 18 ~ 19 页）。动物吃掉植物，用碳元素构建自己的身体，还通过呼吸将二氧化碳释放到大气层中。动植物残骸被分解之后，碳元素回到了土壤中。

在海洋中

生物（尤其是动物）呼出二氧化碳，排放到大气层中。人类活动，特别是化石燃料的燃烧，增加了二氧化碳的排放量。这些二氧化碳并不是全部留在空气中，有些溶解在海洋和湖泊中，被水生植物用于光合作用。碳元素还被一些海洋动物用来构建甲壳或骨骼。死去动物留下的外壳最终会慢慢形成一种岩石——石灰岩。

生物带

地球上的生物可以归入许多大型生态系统或者称为生物群系。生物群系以气候近似的地理区域划分（比如，寒冷还是炎热、多风还是多雨）。你能在南北半球不同的大洲中发现相同的生物群系，但其中生活的动植物物种差异很大。

温带森林

这种生物群落中的树木都是落叶树，叶子在秋冬脱落，春天再长出来。这里四季分明，全年降水均衡。在这里居住的动物主要吃种子、坚果、树叶、浆果，或者既吃动物也吃植物（杂食动物）。

热带雨林

炎热、潮湿、阳光充足的气候让热带雨林成为树木的天堂。生活在这里的大多数动物都住在树上，这里有丰富的果实和花朵，一整年都饮食无忧。这种生物群落中的动物、植物和真菌的种类比其他任何地方都多。

高山

高山其实是复合生境：山顶很寒冷，多风，只有裸露的岩石，动植物种类很少。沿着山坡向下就变成灌木林或针叶林，接着是落叶林。山脚下的山谷常常覆盖着丰饶的草场和森林。

苔原

苔原是北极圈边缘的南部区域，一年中大部分时期都覆盖着厚厚的冰雪，只有在短暂的春季和夏季才会融化，长出低矮的植物。居住在这里的动物有着厚厚的毛皮或羽毛及用于储存能量越冬的脂肪层。

针叶林

针叶林中的树木是全世界最高、最坚韧的树种。针叶林的针状叶片坚硬、耐风，还能让雪从叶间掉落，不会被积雪压垮。生活在这里的最高等动物是肉食性哺乳动物，如狼、狐狸、黄鼬、狼獾。

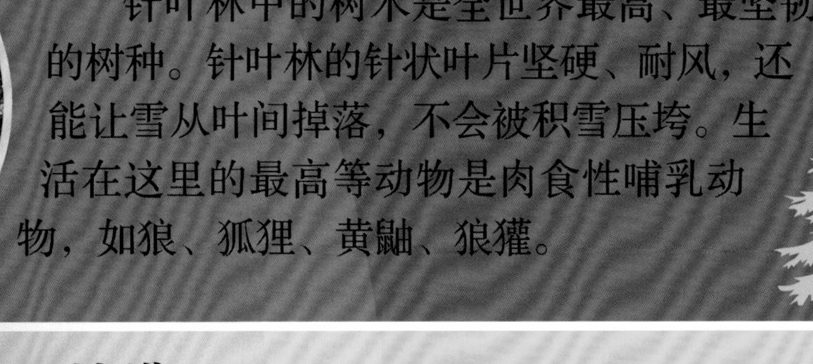

沙漠

沙漠地区气候非常炎热、极端干旱。沙漠植物，如仙人掌，有特化的茎或根用于储存水分，特化的小叶可以防止水分散失。沙漠动物能长时间不喝水，有些种类会挖掘洞穴，躲避白天的高温。

草原

所有大陆板块都有草原。草原夏季酷热，而且降水也很稀少，因此树木无法生存，取而代之的是茂密的草类，成为植食哺乳动物的乐园。因此这里也聚集了许多大型肉食动物，如狮子。

极地

厚厚的皮毛让我在北极也不觉得冷。

寒冰、凛冽的风、极低的气温、长达几个月的黑夜，这一切都使极地区域成为大多数陆生生物的禁区。还有一些迁徙生物在特定季节来到这里。但是极地的海洋中却充满了生命，从最微小的浮游生物到巨大的蓝鲸，应有尽有。

不寻常的共生

只和自己同类的生物好好相处是一种生存策略；然而还有一种是与其他物种结盟，互惠互利。和邻居融洽相处很重要呢！

亲密朋友

在有些跨物种的紧密关系中，只有其中一方能获利。一方为另一方提供了食物和庇护所或者“交通工具”，而另一方也不像寄生虫那样给宿主带来伤害，这种关系叫作共栖。

有人说海葵只是利用我作诱饵，引诱来更大的鱼当食物。但是我也得到了这些触手的保护。

小丑鱼

海葵

还是高的地方阳光充足。在这棵树上，视野真是广阔呀！

这真是一次舒服的旅程啊！更重要的是，海参从无怨言。

小丑鱼在海葵的触手间安了家。海葵触手上的毒刺对小丑鱼不起作用，但却能吓退其他的鱼，因此这里是一个理想的庇护所。小丑鱼还能得到海葵吃剩的食物碎屑。海葵好像除了能得到偶尔的清理之外没什么好处，但小丑鱼可能起到了诱饵的作用，引来更大的鱼作为海葵的猎物。

有些种类的兰花生活在热带雨林中高高的树枝间。与森林地面相比，这里阳光更充足。除了有时候因为快速生长植株过重而压断树枝，兰花不会给大树带来什么危害。兰花通过空气和雨水获得所需的水分与营养物质，有时候也会分解利用树枝上堆积的植物残骸。

帝王虾生活在海蛞蝓和海参的身上，把它们当作藏身之地和交通工具，并以它们的食物碎屑为食，有时候还会吃它们的排泄物。有些海蛞蝓有毒，其他动物不敢招惹它们，帝王虾也就更安全了。帝王虾还会根据宿主的颜色改变自己的体色，通过拟态得到更好的保护。

许多动物的家

树懒看起来常常是绿色的，因为它们的毛发上长了一层藻类。藻类给树懒提供了很好的伪装，而且当树懒舔舐皮毛的时候也会摄入额外的营养。这种藻类只生存在树懒身上。有一种蛾子也以树懒的身体为家，它们取食藻类，并在树懒的皮屑上产卵。还有一些昆虫也住在树懒的毛皮中，包括几种螨虫和几种甲虫。

树懒

两种我**都**喜欢呢！

藻类

树懒蛾

完美搭档

有时候，紧密联系的两个物种都能得到好处：一些共生伙伴平时独立生活，只在某个时期一起获得利益；还有一些共生伙伴关系更加密切，其中一个死去而另一个也不能存活。这种关系叫作互惠共生。

*我采到了香甜的花蜜，而花儿得到了花粉，真是**双赢**呀！*

*我和我体内的藻类朋友完全深谙“**取**与**舍**”的平衡之道，不过要是世道变得艰难，我就把它们“踢”出家门！*

*我以前很不想去清洁站，但是自从到那儿之后，就发现它们的态度真的**很友好**呢！*

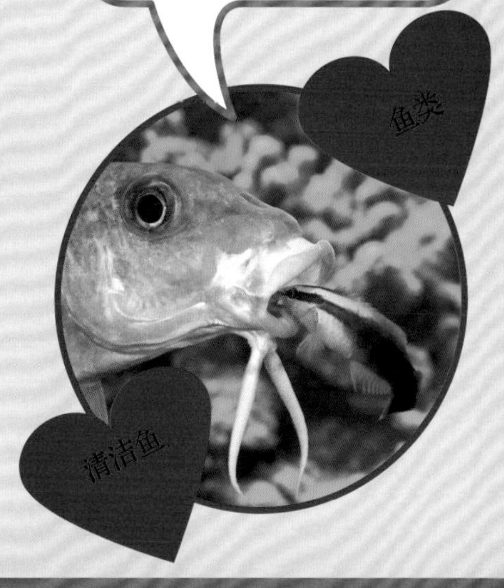

许多开花植物依赖昆虫、鸟类和其他动物传播花粉或种子。这些动物得到了食物，反过来它们也帮助了植物繁殖。蜜蜂在许多花朵之间穿梭，采集花蜜和花粉。当它们来到另一朵花时，也把之前的花粉一同带来，植物就能受精并结出种子了。

珊瑚和地衣是一些藻类的家，为住在它们身体组织里的藻类提供庇护所和营养物质。作为回报，藻类把通过光合作用合成的糖类提供一部分给它们。不是所有的珊瑚都与藻类共生。那些含有藻类的珊瑚会随时调整体内的藻类数量。当珊瑚感受到环境压力时，就会排出体内的藻类，但如果体内长时间没有藻类共生，珊瑚就会死去。

许多鱼类需要其他物种帮助清除身上的寄生虫、真菌感染或死皮。在珊瑚礁就有这样的“清洁站”，在那里，大型鱼类耐心地排队等待，接受小鱼和小虾的清洁工作。大鱼摆出友好的姿势，让“清洁工”安心工作。“清洁工”常常忙进忙出，有时候还要钻进大鱼的嘴里和鳃里搜寻寄生虫。

吃与被吃

你抓不住我！

每个生物都需要食物才能生存，食物为其提供细胞工作所需的能量。没有能量，生物将无法移动、生长，甚至无法呼吸。

生产者与消费者

自己制造食物的有机体称为生产者。植物是生产者，因为它们利用太阳的能量合成糖类；它们利用身边的资源——二氧化碳、水和阳光，进行光合作用。动物不能自己制造食物，因此它们必须通过吃掉植物或其他动物才能获得能量，它们是消费者。

能量的递减

在一个食物链中，能量从一个物种传到下一个物种，每传递一次就会有一些能量散失。当一只植食动物吃了植物后，植物的一部分能量转化为动物的肌肉和器官，另一部分则用来维持身体运转。当捕食者吃掉这只植食动物后，其中的能量也只有一部分储存进它的身体中。

能量金字塔

能量金字塔的塔底是植物，而在塔顶的则是顶级捕食者。供养一个捕食者需要许多植食动物，也需要更多的植物供养这些植食动物。

食物链

被吃

太阳的能量

仙人掌

草

牧草

草甸花

灌木

生产者（在北美草原）包括草、草甸花、小型灌木、仙人掌，它们都能自己制造养分。

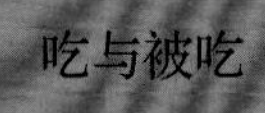

哈哈，我抓住你了！啊呜！

大多数生物都不能自己制造食物，必须以其他生物为食，这就是食物链的起点。

每个食物链很难超过 4 ~ 5 个环节。但大多数动物不会只吃一种食物，而是同时位于几个食物链之中，因此多个食物链的交叉形成了食物网。

食物链的调节

当食物链中某种生物的数量变化时，食物链就以自己的方式进行调节。如果黑尾鹿数量变少，丛林狼的食物不足，数量也随之变少；随着丛林狼的减少，更多黑尾鹿幸存下来，得以繁衍生息，弥补种群数量。

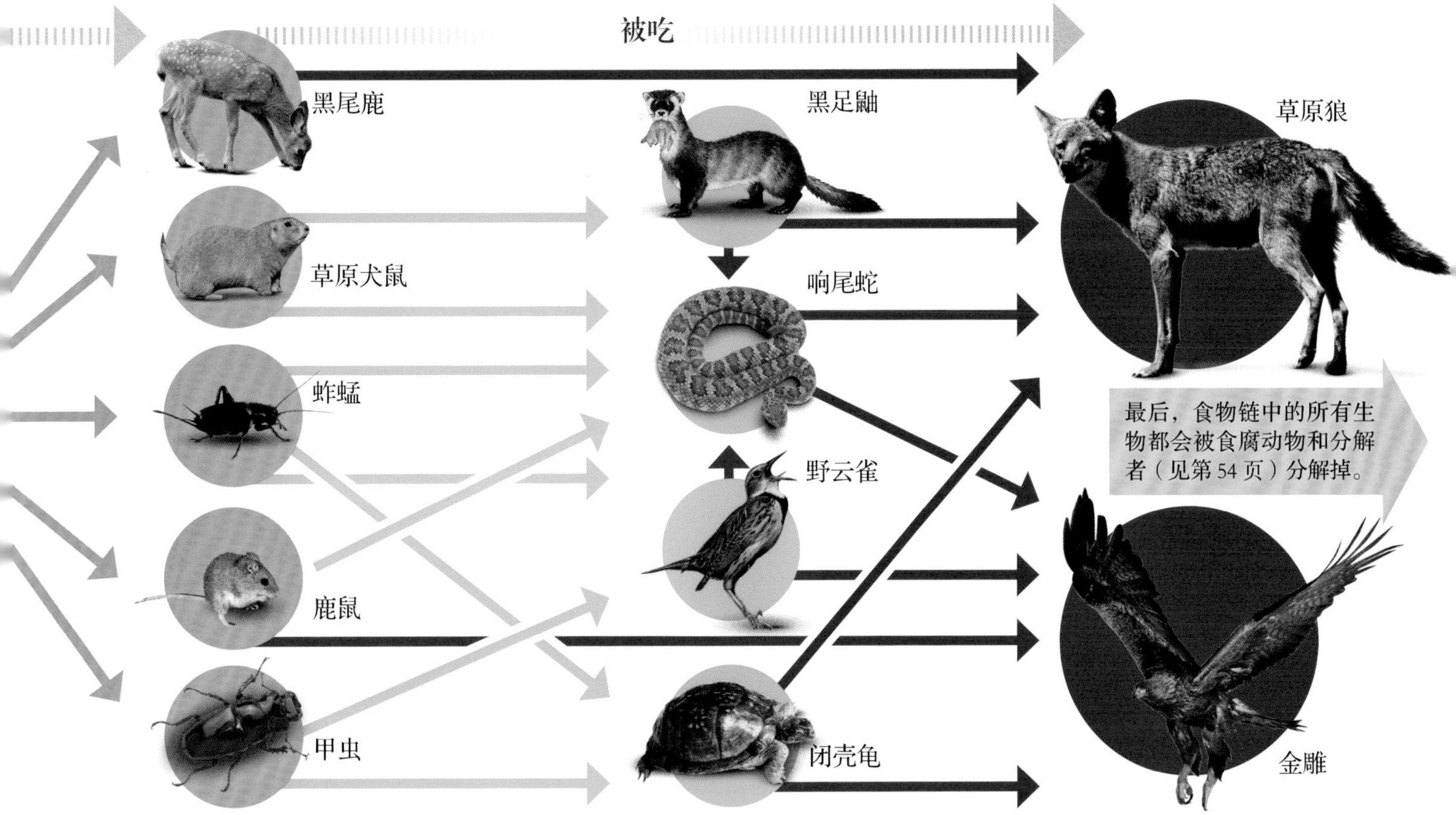

被吃

黑尾鹿

草原犬鼠

蚱蜢

鹿鼠

甲虫

黑足鼬

响尾蛇

野云雀

闭壳龟

草原狼

金雕

最后，食物链中的所有生物都会被食腐动物和分解者（见第 54 页）分解掉。

初级消费者是以植物为食的动物——植食动物。它们能控制植被的生长。

次级消费者是以动物为食的动物——肉食动物。大多数肉食动物捕猎植食动物或以它们的腐尸为食。

终极消费者位于食物链的顶端，它们既捕食植食动物，也吃其他肉食动物。

大自然的

每天都有数百万动植物死去。想象一下，数亿年来生存过又死亡的生物有多少？但是为什么我们没有站在厚厚的尸体堆上？

食腐动物

食腐动物是那些不怎么捕食活的猎物而是喜欢取食动物尸体或腐肉的动物。不过大多数肉食动物也会吃腐肉。食腐动物通过敏锐的嗅觉找到腐肉，有时能追踪很远的距离。它们有着锐利的牙齿或喙、强壮的上下颌，能轻松撕开动物尸体并咬碎骨头。撕开的动物尸体也让小型食腐动物能够分一杯羹，如昆虫和乌鸦。

蚯蚓

植食性食腐动物

不是所有的食腐动物都是肉食性的。蚯蚓将落叶拖入泥土中，白蚁派出搜寻大军四处寻找植物碎屑并带回巢穴。植物细胞壁中的木质素是一种丰富的能量来源，但是对许多动物来说却无法消化。植食性食腐动物可以分解这些木质素，不能消化吸收的部分又排放到土壤中。

蜗牛

秃鹫的身体高度特化，十分适合腐食生活。

敏锐的视力 能在高空中发现地面的动物尸体。

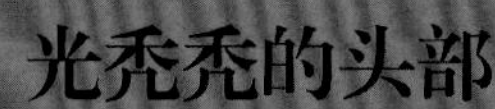

光秃秃的头部 头部没有羽毛，因此不会沾染血污。

长长的脖子 很适于深入动物尸体内部取食。

强劲的消化液 能杀死腐肉中的细菌。

尖利的爪 可以紧紧抓住尸体，将其撕成碎片。

兀鹫

清洁工

苍蝇喜欢在腐烂物上产卵

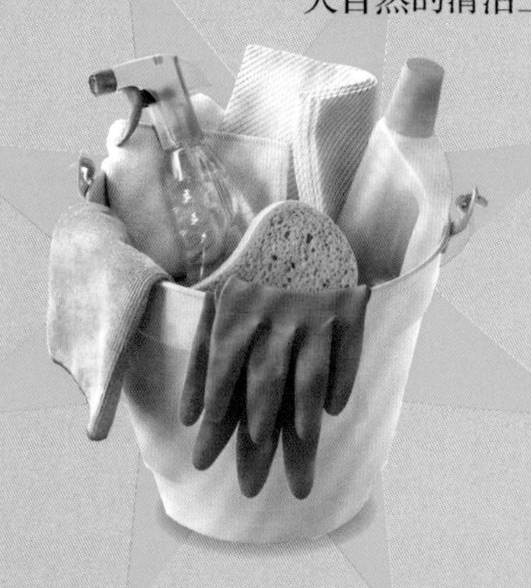

答案在于一类以生物残骸为食的生物。它们是*大自然的清洁工*——食腐动物和分解者。

分解者

分解者是食物链中很重要的一环，因为它们能把有机物转化成简单的化学成分，如碳、氮、氧。这些成分重新回到了空气、土壤和水中。大自然很容易告诉分解者何时应该开始工作——它们对腐烂有机物、粪便的气味能迅速作出反应。

真菌

真菌不能自己制造食物，因此它们以动植物残骸为生。它们长出根状结构（菌丝），分泌消化酶，将残骸转化为营养物质。

霉菌

霉菌是一种真菌，能在腐烂食物上集群生长。它们通过白色的菌丝长成一片，称为菌丝体。霉菌通过灰色、绿色、棕色等颜色的孢子繁殖。

昆虫

昆虫是非常重要的分解者。许多种类的昆虫将卵产在腐烂尸体上，然后孵化出幼虫，这些幼虫以腐肉为食，吃到只剩骨头，分解的营养物质最终回到土壤中。

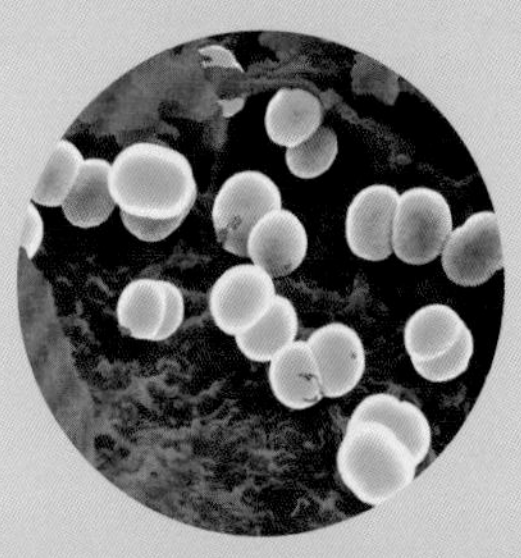

细菌

细菌无处不在。1 克土壤中 90% 的微生物都是细菌。细菌要做的就是分解工作的最后一步。它们的胃口极好。

便便的问题

不是只有腐尸需要清理。动物不能将吃下的所有东西都消化，所以它们必须将这些连同代谢废物、死细胞一起排出。幸运的是，一种动物的粪便就是另一种生物的美餐，这就是为什么我们还没有陷入齐膝深的粪便堆中的原因。其实分解者很喜欢动物粪便，因为粪便已经部分分解，而且含有重要的营养物质。

便便大餐

屎壳郎几乎一生都与动物粪便联系在一起——吃、住、繁殖，它们甚至会从其他屎壳郎那里偷来珍贵的粪球。有些屎壳郎还会跟在动物身后，等着它们落下粪便。

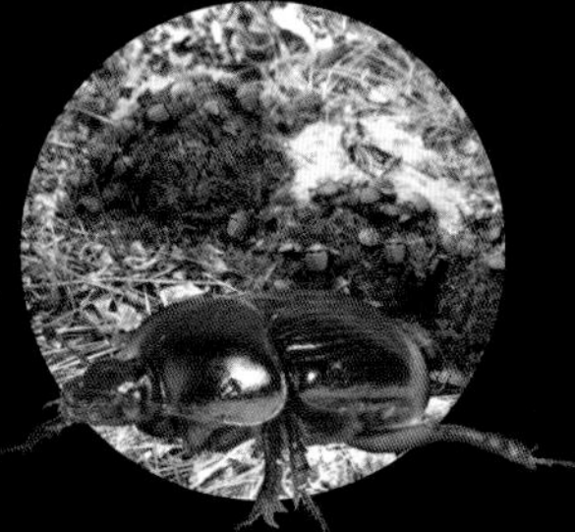

从污物到肥料

污水治理和垃圾处理能够发挥细菌的专长，可以利用它们将污物转化成干净的水和肥料。

保持平衡

有两种事件能对生态系统造成极大的影响——自然灾害和人类活动。自然灾害，如火山喷发、洪水、气候剧变等，可以改变或摧毁生境，当地的物种也许会因此遭受灭顶之灾，幸存者开始寻找新的家园。这些自然灾害常常对整个生态系统都是灾难性的，但却为新物种的进驻做好了准备。

火山喷发

自然灾害

飓风

保住关键种

如果失去一两个物种，生态系统还能应付得来，但总有一些物种是至关重要的，称为关键种。关键种通常是以植食动物为食的小型捕食者，这些植食动物则以生境中的主要植物为食。如果没有这些捕食者，植食动物的数量剧增，就会破坏生境植被，波及其他物种。

海獭曾一度在美国加利福尼亚海岸的数量很多，然而自从人们为了毛皮而大肆猎杀以来，它们几乎灭绝了。没有了海獭，它们最喜爱的猎物——海胆的数量开始激增。海胆以巨藻（一种大型海藻）为食，而巨藻为鱼类和许多其他生物提供了食物和庇护所。随着巨藻逐渐消失，整个生态系统便开始崩溃。

生态系统包括所有在此生存的生物及它们的生境，每个物种都会与其他物种相互作用，就好像拼图里的小块一样。通常生态系统能满足所有物种的资源需求，但如果一旦有所改变，就可能影响到整个系统的平衡。

自然灾害是少有的突发灾害，而*人类的影响*则是持续不断的，而且常常破坏力更大。人类为了自己的需求*占据了越来越多的土地*，陆生生境因此减少了。而海洋现在也受到了影响。

人类活动

砍伐树木

塑造环境

有些物种在改变和维持环境方面发挥了关键作用。草原犬鼠挖出的隧道为其他物种提供了巢穴，包括穴鸮和黑足鼬。它们的洞穴还能疏通土壤，引导雨水流入。它们还啃短了草丛，为捕食者扫清了障碍（也许这不是它们的初衷）。

草原犬鼠在当地的自然环境中是很重要的，然而农民可不喜欢它们和它们在地下挖出的横七竖八的隧道，因此它们在美国的部分地区几乎消失，这导致以草原犬鼠为食的黑足鼬快要灭绝了。科学家正在开展一项针对黑足鼬的保育计划，希望能恢复它们的数量。

生存的秘密

生活可不轻松。生物必须自己寻找食物、配偶、庇护所，还要***保证后代生存下来***。生物必须为生存而战，与其他物种合作，在遇到问题时找到解决办法。如果你比竞争对手更强或更凶猛，***发展出独特的武器***，或是采用巧妙的方式***伪装自己***……就能让生存的机会变得更大。形形色色的生存策略能帮助生物更好地生存。

温馨的家

白头海雕

空中楼阁

鸟类会筑巢并在巢中产卵。鸟巢多种多样，有的由细枝搭成，有的是编织而成的。最小的鸟巢是由蜂鸟建造的，还没有半个核桃壳那么大；最大的鸟巢是白头海雕的巢穴，它们每年都会用新的树枝加固巢穴，最后整个鸟巢的重量会超过一吨。群居织巢鸟建造的巢穴中可以容纳 300 只鸟。

白蚁穴

设计师的公寓

群居性昆虫，如白蚁和蜜蜂，通常生活在大型群体中。有些种类的白蚁将泥土和唾液混合，建造起巨大的白蚁穴。这个蚁穴中包括许多小房间，甚至还有设计完善的空气处理系统，制造持续的气流来调节温度。蜜蜂和黄蜂用蜂蜡、泥土或是嚼碎的木屑建造蜂房，有些热带蜂种的巢穴甚至就建在一片大叶子下面。蜜蜂的巢穴里有几千个六边形的小室，用来储存卵。

地下住所

许多动物都钻入地下洞穴躲避恶劣天气，有些动物在里面睡觉和繁殖，只有在觅食和寻找配偶时才钻出来；还有些动物终其一生都生活在地下洞穴中，如鼹鼠或蠕虫。废弃的地下洞穴为那些不会挖洞的动物提供了现成的房间。

红毛猩猩和大猩猩每天都要用

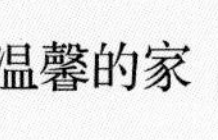

许多动物都需要一个可供藏身的地方用来睡觉、生育下一代、躲避捕食者或是抵御恶劣天气。动物能利用树木或岩石上的天然洞穴，但有些动物可以自己建造家园。

喂，看这儿，你要那么个大家伙干什么呢？

犀鸟

高层建筑

对鸟类和一些会爬树的动物来说，一棵树上高高的树洞是理想的繁殖地点。但是，树洞也不是完全安全的——蛇会爬上树捕食鸟类。树洞可能是由于树干部分腐烂而自然形成的，也可能是啄木鸟之类的动物凿出来的。熊在冬天有时钻进树干基部的树洞冬眠，或者在里面生下小熊。中空的原木也为小型动物和许多昆虫提供了家园。

不寻常的家

白外叶蝠住在树叶帐篷里，它们把叶子中央的叶脉咬开，使得叶片折叠下来包住自己。

雌性北极熊在北极的冬天，会在冰雪中挖一个洞穴，在这里生下北极熊宝宝。

活板门蛛挖掘洞穴，再做一个盖子盖在洞穴口。到了晚上，有昆虫路过时，它会突然打开盖子，将昆虫拖入洞穴，并迅速关上盖子。

与世隔绝

洞穴为动物提供了完美的庇护所。熊在冬天常常待在里面冬眠，老虎会躲进洞穴避暑。鱼类躲进水下洞穴和岩石缝隙中，躲避捕食者或等待猎物经过。有些海洋生物在洞穴中产卵或抚育后代。蝙蝠白天藏身于漆黑的洞穴中，到了晚上才飞出来觅食。

你不是说这个洞穴是空的吗？

为领地而战

警告信号

对动物来说，打斗的风险太大，所以大多数动物都有各种各样的警告策略，从一开始就警示敌人。

为什么打斗？

动物打斗有许多原因：保卫领土、抢夺食物、争夺交配权或者保护幼崽。打斗其实很危险，可能导致受伤甚至死亡。但是打斗也有遗传方面的益处——最强的一方幸存下来，把它们的基因传给后代。

发出吼叫

有时候大叫就可以保卫领土。占据领地的鸟类发出嘈杂的叫声，警告其他动物这是它的地盘。在热带雨林中，猴群通过大叫让其他可能在这片领地的猴群赶快离开。

走开！

吼猴

那是什么气味？

气味标记是动物宣告领土权的另一种方式。许多动物都有气味腺，它们将分泌物涂在树上或其他标记物上，留下气味标记。尿液和粪便也可以用于标记。气味标记对同类是一种警示，而其他种类的动物也常常能闻见——有时候捕食者的行踪就被暴露了。

粪便

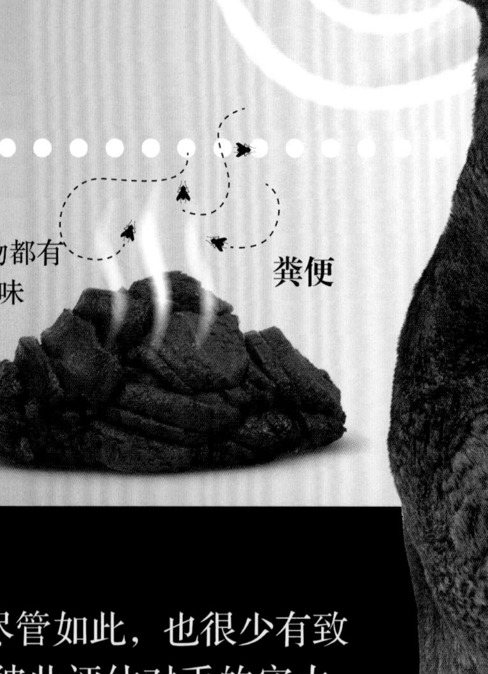

一决高下

总会有必须和入侵者面对面的时刻。尽管如此，也很少有致死的打斗。双方通常进行试探性的交手，彼此评估对手的实力。大多数打斗包括撕咬、踢踹、摔跤等。打斗通常在弱者一方明白没有赢的可能而摆出放弃的姿态时结束。

打斗是动物生活中的重要部分。动物打斗并不是为了***显得凶猛强大***，而是要确保自己和***后代生存***下来。

不要靠近

就算竞争对手已经踏进了你的领地，避免打斗还是最佳选择。因此，动物发展出了许多吓退敌人的策略。

站起来

让自己比对手看起来更高大是个好办法。如果用后腿站立起来，看起来就会更高大；而如果转向侧面，身体看起来就更宽；如果还能有一对挥舞的大钳子，就像螃蟹和蝎子那样，效果就更好了。

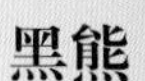

黑熊

气炸了

将身体膨胀起来也能让自己看起来比对手更高大。鸟类会竖起全身的羽毛，张开双翅，竖起头冠（如果有的话）。有些变色龙和爬行动物能吞下空气让自己膨胀起来。大象会扇动大耳朵，发出震耳欲聋的象鸣声。

蛇怪蜥蜴

吐口水

吐口水可能没什么破坏力，不过也能让对手很不舒服。羊驼是这方面的专家，能瞄准对手，吐出半消化的食物。管鼻鹱（一种海鸟）更厉害，它们吐出的是刺鼻的呕吐物。而最阴险的是眼镜蛇，它能将毒液喷射进袭击者的眼睛里。

羊驼

秀出牙齿

狂吠、咆哮、发出“嘶嘶”声，也是让对手赶紧离开的信号。狗和猫就使用这种策略，猪则会磨牙。鳄鱼张开大嘴，露出一口令人胆寒的牙齿。鸟类也会张大喙恐吓敌人。而蓝舌石龙子则是吐出蓝色的舌头吓退敌人。

鳄鱼

咔嗒！

咔嗒！

咔嗒！

群体的一分子

你曾经注意过成群结队的动物吗？角马群、大雁群、鱼群，这些动物都喜欢热热闹闹地生活在一起。虽然有时候的确有点儿挤，但成为群体的一分子还是有很多好处的。

谁去谁留？

群体的组成根据物种种类的不同而各异。有些群体完全是大混居，包含了各种年龄段的雄性和雌性。而有些全部由某个年龄段或是某种性别的动物构成。有些物种的后代长大之后就会离开，加入另一个群体。雌象一生都待在自己出生的象群中，凭借它们积累的经验带领象群。

我是香蕉王！

越多越安全

对一只非洲角马来说，生活充满了危险，它可能随时成为狮子的美餐。如果它加入了由 99 只角马组成的角马群，被吃掉的概率就变成了 1%。而且，它的身边还有 99 双眼睛在警惕着捕食者，或是发现丰美的草场。这种生活的唯一缺点，可能就是没有足够的食物供给这么多角马，所以角马群常常迁徙。

我希望它一直待在这个群体里。

角马群

开战吧！

如果需要为了得到更多的土地和食物而战，那军队成员越多胜算越大。在争夺领地时，铺路蚁大军一次性会出动几千只蚂蚁，与竞争对手又打又咬。虽然其中一些铺路蚁会战死，但双方依然会持续战斗，甚至长达几周，直到其中一个蚁群获胜得到领地为止。

蚁群

黑猩猩群体

抚育后代

父母照顾自己的后代是天经地义的事情，然而有时动物群体中的其他成员也会帮忙养育或是照看幼崽。在极端的例子里，一个家庭型群体中只有一对优势父母能生下后代。亚成体可以在父母外出觅食时，照看自己年幼的弟弟妹妹，并教会它们必需的生存技能。

一起狩猎

集群狩猎能抓到单独狩猎时无法捕捉的猎物。打猎时，群体分工明确，每个成员或潜随，或包抄猎物，配合十分默契。然而一旦抓到猎物，森严的等级制度就开始发挥作用，兽群头领会首先进食，吃掉猎物最精华的部分。

关心与分享

成为群体的一员，意味着总是有同伴会帮你去掉讨厌的寄生虫（常常在自己够不到的地方），或者在寒冷的夜晚依偎在一起相互取暖。不过，过于亲密的群体生活也容易让传染病快速传播。但在建造家园的时候，多个帮手总是多把力。

非洲野狗

狐獴群

鸡群

强弱次序

不是所有群体里的动物都是平等相待的。大多数群体中总有优势动物——头领，它们有进食、休息和交配的优先权。其他低等级的动物常常只能祈求或偷取食物，还要时不时受到首领的惩罚。保住头领的位置意味着或是和其他成员结盟，或是随时准备战斗。一旦次序建立起来，就不会再有暴力事件了。

动物帝国

集成大群生活很有好处，但在群体成员超过数千个甚至上百万个的动物帝国中，生活需要特别的秩序。许多昆虫正是结成这样的大群一起生活和工作。欢迎来到动物帝国。

超级有机体

集成大群一起生活的动物物种高度特化，有着严格的等级制度。有着这种生活习性的动物称为社会性生物。群体中的每一个成员就像有机体中的一个细胞，最终组成一个超级有机体。每个成员用自己的责任心为群体添砖加瓦——建造家园、抵御外敌、照顾后代——整个帝国会越来越庞大，甚至延续上百年。

大多数动物帝国有相似的结构：最上层是一个雌性，通常称为“皇后”。其下的阶层主要由同是雌性的“工人”和“士兵”组成。群体数量常常得到精密的调控。只有“皇后”才能生产下一代，“工人”是无法生育的。群体中还有一些雄性，专门负责与“皇后”交配。

蚂蚁大军

切叶蚁生活在一个大得令人难以置信的群体中，成员有时能达到数百万只。每个蚁群包括一位蚁后和许多雌性工蚁，工蚁照顾蚁后的饮食起居，养育蚁后生下的后代。工蚁之间也有明确的分工——有的工蚁在野外切下叶子碎片并带回巢穴；有的将叶片嚼碎，把真菌种植在上面；还有的负责收获真菌，并以此喂养幼虫。整个巢穴被兵蚁重兵把守，兵蚁的个头比工蚁大得多，可以用强有力的颚攻击入侵者。

*有些蚂蚁*帝国已经*存在数百年了*。

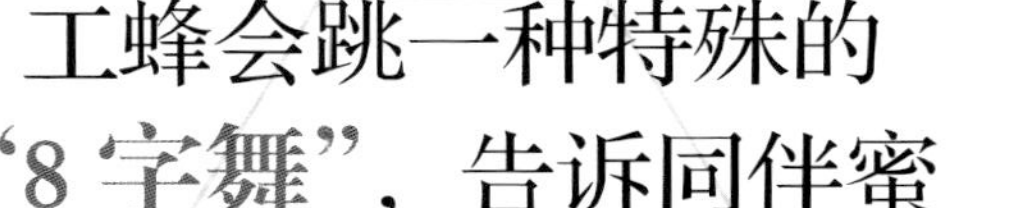

蜂后

在蜜蜂的群体中，蜂后要和众多雄性交配，以确保后代获得最佳的基因组合。交配之后，蜂后每天产下的卵可达 2000 枚，并持续多年。这比它自身的体重还要重！卵受精之后长成工蜂，一些没受精的卵就会发育成雄蜂。

工蜂会跳一种特殊的“8 字舞”，告诉同伴蜜源在哪里。

年幼一些的工蜂负责清理蜂巢，喂养幼虫

蜂后被*工蜂*团团包围伺候着，衣食无忧

年长
一些的工蜂负责采集***花粉***和***花蜜***

幼虫
如果只用**蜂王浆**喂养，就会长成***蜂后***

裸鼹鼠

在全世界的脊椎动物中，只有两种裸鼹鼠生活在这样的超级群体中。裸鼹鼠的群体没有昆虫的那么大，而且雌雄比例更均衡。生活在一个群体中的裸鼹鼠体形大小不一，然而最小的裸鼹鼠却要做最多、最辛苦的工作。长到足够大之后，裸鼹鼠就不再工作，而是担当起群体的守卫，抵御入侵者，有时甚至不惜战死。

哎呀！这份工作太辛苦了！我迫切需要长大和休息！

最小的裸鼹鼠是最辛苦的工人，它们每天就忙着挖洞、清理隧道。

它们采取生产线作业，将泥土踢开，清理隧道。

随着裸鼹鼠年纪增长、体形增大，它们也越来越不怎么工作，而是更多地待在中央巢区。

只有群体中的女王才能生育，而工人负责抚养后代。裸鼹鼠女王大部分时间都在隧道中巡查，监督工人工作。

独身主义

有性生殖并不是唯一的生殖方式。有些动物，如宝石海葵和扁虫就可以通过简单的分裂产生新的个体。

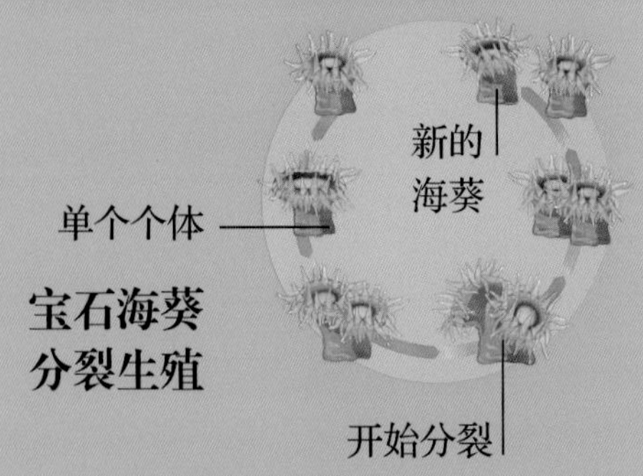

宝石海葵分裂生殖

还有一些海葵和水螅通过出芽的方式繁殖，新个体一开始是母体的一部分，然后慢慢长大，最终脱离母体独立。

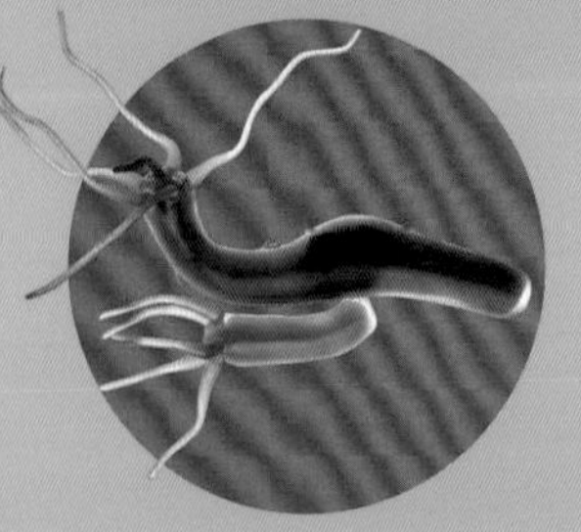
水螅出芽

孤雌生殖是另一种生殖方式，如蚜虫。蚜虫卵不需要受精就可以直接孵化，产生的后代全部为雌性，和它们的母亲完全一样，称为孤雌世代。对蚜虫来说，在环境适于大量蚜虫生存的条件下，采用孤雌生殖能迅速扩展种群数量。过去人们认为科莫多巨蜥也能进行孤雌生殖，后来发现其实是雌蜥在交配后，可以将精子储存长达几个月。

科莫多巨蜥

繁殖的需要

适应与生存

生存的最大挑战就是确保后代能适应不断变化的自然环境。动物必须尽可能地产生足够多的与父母不同的后代，这样才能确保产生出新的性状（特质）。动物通过有性生殖产生下一代。两种分别来自雄性和雌性的特殊生殖细胞（称为精子和卵子）各含有一半 DNA，结合之后产生受精卵，来自父母双方的 DNA 就传给了后代。这样即使环境产生变化，也总会有适应的后代存活下来。

寻找配偶

全年都集群生活的动物不难找到配偶，然而还有更多独居的动物，它们必须为繁殖下一代动动脑筋了。

寻觅佳人

做广告——有些动物通过叫喊、气味标记或是视觉标记来吸引异性。但缺点是有可能会招来一些不速之客——如捕食者或寄生虫。

定点炫耀——这就像是动物的酒吧聚会。有些动物，如松鸡和乌干达羚羊，在繁殖季节会集中在一个繁殖地点，雄性在此向雌性展示自己，为了抢夺最好的展示地点，雄性常常大打出手。雌性就在一旁静静观看，根据它们的表现选择最中意的郎君。

终身伴侣——许多独居动物，如信天翁和天鹅，雌性和雄性结为终身配偶。它们虽然一年中的大多数时间都没有生活在一起，但在每年的繁殖期都会重逢、共同养育后代。多年的默契让终身配偶的繁殖成功率更高。

如果一只动物有着***优秀的基因***，它一定能生存到可以繁殖后代。而它的后代也会继承优秀的基因，这样一代代生存下来，动物就会更加适应环境。繁殖通常包括***寻找配偶***和**抚育后代**直到它们能够独立生存。

不过，不是所有动物都是这么有爱心的父母。

兔子长得很快，繁殖速度也很惊人，它们的生命周期比较短。

繁殖

做自己的配偶——有些动物，如蛞蝓、蜗牛、蚌及介壳虫，能同时产生卵子和精子，这叫作雌雄同体。如果无法遇上交配对象，它们就可以用自己的精子给卵子受精，不过这通常都是下下之策。

变性——有些动物可以在生命中的特定阶段或是在整个种群生存受到威胁时转变性别。变性现象通常发生在鱼类、蛙类及雌雄同体的动物中。

共同受精——硬珊瑚可以让繁殖活动同步化，因此邻近的群体可以同时释放卵子和精子。洋流将精卵混合，把受精卵带到远处形成新的珊瑚群。有些鱼也采用这样的繁殖方式，它们游到巨大的浅滩处汇合，共同释放精子和卵子。

抚育后代

在产生后代方面，动物有两种策略——要么生育非常多，要么生育非常少。不照料后代的动物会产下更多的后代，确保有一定数量的后代能存活下来直到成年。

雌蛙产下许多卵，包裹在凝胶状物质中形成卵块。受精卵孵化出蝌蚪，最终变成蛙。

999枚卵——希望其中有一些能顺利长大。

蛙和卵块

动物照料幼崽的时间长短，取决于后代什么时候能独立生活。大脑发达的社会性动物，如人类和大象，通常一胎只生一个，因为这些后代需要很长的时间成长和学习。

人类

成功的

动物有各种颜色和花纹。有些只是简单的褐色，有些有特殊的图案,还有些有着彩虹一般的五颜六色。动物进化出了如此多的体色，自有其中的奥妙。

归结于一点——*为了物种的生存*。

群体中的一员

体色能帮助动物与群体中的其他成员交流。不是所有动物都能分辨出颜色——有些只能看见黑白影像。有些动物则可以看见所有颜色及部分可见光，有些甚至能看见紫外线和红外线。有着最佳彩色视觉的动物往往也是最色彩斑斓的。

现在你能看见我……

天衣无缝

将自己与背景混于一体是个极大的优势。对捕食者来说，这样能够悄悄潜伏逼近猎物而不被发现，因此更容易捕捉到猎物；而对被猎食的动物来说，不容易被发现则意味着能够生存下来。

斑点和条纹常常被生活在森林和草原中的动物用来模糊自己的轮廓。

鹿看不见橙色只能看见绿色和蓝色。

*隐藏*的最好办法之一，就是让自己看起来像*别的东西*，

*树枝*或是……

竹节虫

*树叶*或是……

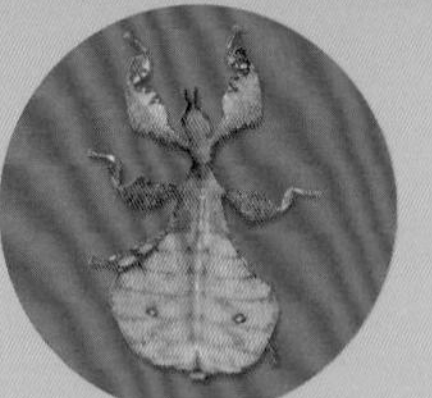

仿叶虫

*棘刺*或是……

角蝉

把自己伪装成别的物体叫作拟态。有些动物像枯叶、树枝、海藻甚至鸟粪。捕食动物会误以为这些是不能吃的东西。鸟类不会捕捉食蚜蝇，因为它们看起来很像黄蜂，黄蜂的刺可是很有震慑力的。但是花螳螂不仅能伪装成花朵的样子躲避捕食者，还能以此吸引昆虫自投罗网。植物也有拟态现象。

装扮

只能看，不能摸

如果想通过暗淡的颜色隐藏起来，那么褐色和灰色是最好的选择。但如果想引人注目，那么越鲜艳的颜色越好。有毒的或者味道很糟糕的物种有着非常鲜明的体色，行为也很招摇，能起到警告作用。红色、白色、黄色及黑色通常意味着“不要靠近我”。

迷惑

鲜明的颜色和图案有时候也能起到迷惑的作用。有些蝴蝶和珊瑚礁鱼类在翅膀或尾巴末端有圈状的色块，看起来很像眼睛。捕食者向色块扑去，以为自己袭击了猎物的头部，而猎物正好抓住机会逃跑，而且也不会受到太大伤害。

颜色的变化

有些动物能改变体色。北极兔（下图）在不同的季节有不同的毛色，它们在夏天身披暗淡的褐色夏装，到了冬天就换上白色的冬装，能很好地隐藏在雪中。还有些动物，如变色龙和乌贼，能随心所欲地改变颜色，体色能体现出它们的情绪，还可用于吸引异性。许多蜥蜴改变体色是为了吸收更多热量或减少热量。

夏季

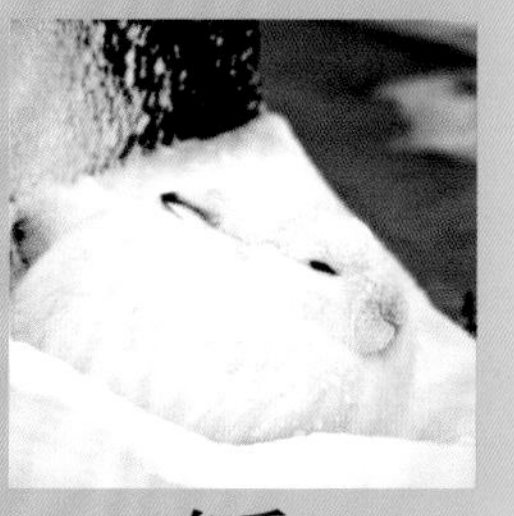

冬季

这些都是伪装大师……

花朵

或是……

花螳螂

蜜蜂

或是……

蜂兰

蜂兰的花朵非常像雌蜂，能够吸引雄蜂。雄蜂在尝试和“雌蜂”交配时正好完成了授粉的过程。

食蚜蝇

华丽的外套

有些动物利用色彩更多是为了吸引，而不是防御。许多动物的雄性比雌性更美丽——相比之下，雌性有点“灰头土脸”。

雌孔雀

雄孔雀

最重要的目的是吸引异性，所以越华丽越好。只有最强壮、最健康的个体才能有最美丽的色彩和最棒的展示方式，可以吸引最多的异性。尾巴上拥有最多“眼斑”的雄孔雀可获得最多雌孔雀的青睐。

除颜色之外，其他一些引人注目的特征，如雄马鹿的一对大角，也能引起雌马鹿的注意。

马鹿

致命的武器

一口咬下去

毒液是动物抵御外敌的终极防御武器，但是在大多数情况下是用于杀死或制服猎物。蜘蛛通过螯咬向猎物注入毒液。蛇的毒牙是中空的，下颌处的毒腺分泌的毒液可以沿着毒牙流出。

剧毒可以保护我不被饥饿的捕食者吃掉，而且还能帮我捕杀猎物。

响尾蛇

蝎子

黄蜂

电鳗

真正的电击

有些鱼类可以放出电流，击晕猎物，驱逐敌人。电鳐、瞻星鱼、电鳗拥有特殊的细胞用于产生电流。它们通常用这些细胞放出微弱电流来感受外界环境，但也可以带来致命的后果——一只电鳗能放出650伏的电流。

哎呀！

豪猪

蓑鲉

海蛞蝓

难吃的一餐

许多无脊椎动物、爬行动物、两栖动物可以通过皮肤或体表的腺体，分泌出味道令人作呕、有时候还有毒的物质。这些动物大多具有鲜艳的体色，警告捕食者“不要吃我”。有些蛙类和鸟类通过吃掉有毒的昆虫，将毒素转移到自己体内。

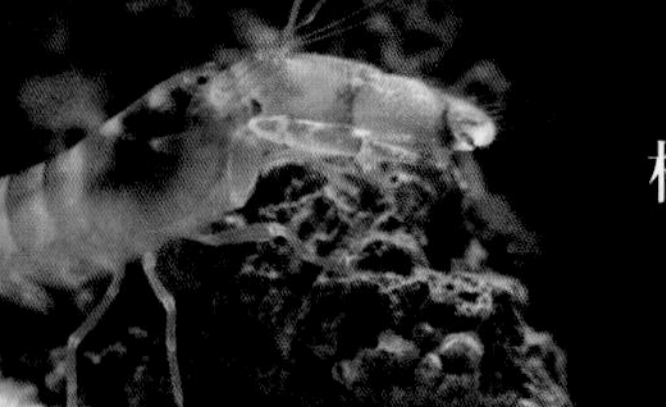

枪虾

挥舞大钳子

利爪可以击退想要靠近的敌人。而大螯——见于龙虾、蝎子、螃蟹等，是一种带有关节的利爪，可以重重地夹住敌人。枪虾有一只巨大的钳子，可以迅速关闭并由此形成一股高速水流，击晕捕食者或猎物。

不要靠近我们——我们很危险！

每个动植物都可能是其他动物的美餐。为了避免被捉住吃掉，许多动物发展出了还击捕食者的武器。这些令人难以置信的危险武器多刺、锐利或者有毒，它们也常常用来捕捉猎物。

尾尖的毒刺

毒刺是另一种注入毒液的武器。蝎子和一些昆虫的尾巴末端常常长着这种毒刺，用来攻击敌人或是杀死猎物。一些有着柔软身体的水生生物，也常常利用有毒触手驱逐靠得太近的动物。

棘刺

如果敌人已经张开了血盆大口，一身棘刺肯定是有效的防御工具。豪猪全身覆盖着坚硬、中空的棘刺，受惊时会竖起来。有些鱼类如蓑鲉也长有棘刺，而且还能注入毒液。

红星花凤蝶

虽然我很漂亮，但我可一点儿也不好吃！

螃蟹

其他防御武器

狼蛛在受到惊扰的时候会从腹部散落一些刚毛，这些刚毛带有倒钩，能刺进敌人裸露在外的皮肤。

臭鼬和臭獾在尾根部有臭腺，里面储存着一种奇臭无比的液体，可以喷射4米远。

拳击蟹常常在大螯上放上几个海葵，在天敌来临的时候，它们就会挥舞这些大螯，利用海葵的有毒触角击退敌人。

角蜥能从眼角附近的一个腺体喷出血流。这股血流中含有难闻的化学物质，让攻击者退避三舍。

肆意妄为

世界上总有一些生物是靠占其他生物的便宜生存的。它们通常干完坏事后就逃之夭夭，但犯罪分子也有受到惩罚的时候……

听一听这6位受害者指控罪犯犯了什么

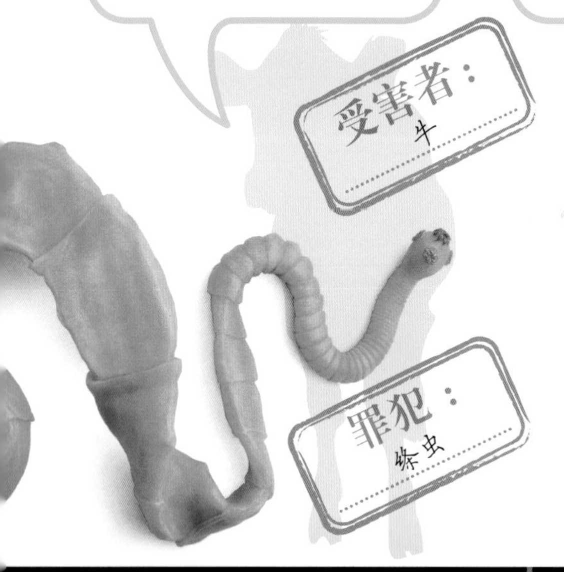

寄生虫

寄生虫是那些住在其他生物体内或体表的生物。它们直接从宿主的身体中吸收自己无法获得或制造的营养。有些寄生虫只寄生在一种生物身上；有些寄生虫的生活史很复杂，从卵到幼虫最后到成虫，需要更换好几个宿主。绦虫生活在动物的消化道中，以半消化的食物为生，有些绦虫可以寄生在人类的体内。

霸占住所

建造一个理想的家园需要付出许多努力，而如果能找到一个现成的住所当然更好。穴居动物，如土豚和草原犬鼠，常常在地下连续多日挖掘洞穴。一旦它们离开，投机取巧者就会溜进来，占据这个洞穴。穴鸮自己也能挖洞，但一有机会它们就会抢占哥法地鼠龟的洞穴。

小偷和强盗

总有些动物觉得如果能从别人那里抢到食物，为什么还要自己辛辛苦苦去寻找呢？有些动物就是用它们的体形、力量或是狡猾的伎俩从别的动物那里得到美餐。有些甚至从同类口中抢走食物。比起自己觅食来，加拉帕戈斯企鹅更喜欢追赶鹈鹕，迫使它们张开喙，抢走它们抓到的鱼。但是有时候当鹈鹕反击时，它们也有可能受伤。

让其他物种替自己做所有辛苦的工作，是一个很好的生存策略。**秘诀在于不要做过了头。**

罪犯：槲寄生

受害者：树

植物也有寄生现象 槲寄生是一种寄生在其他树上的植物。它生有特殊的根，可以扎进树皮中的缝隙，穿透木质，将树的水分和营养吸收到自己体内。

耸人听闻的罪行吧！

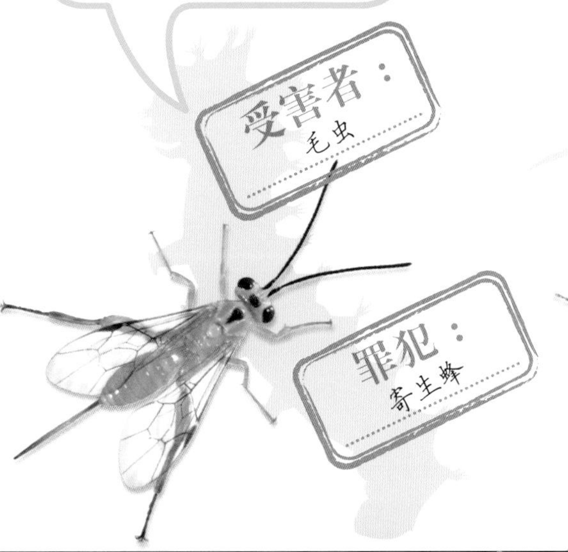

篡权者与盗尸者

养育后代是一项艰辛的工作，有些动物则找到了投机取巧的方法——让别的动物抚养自己的后代。有些昆虫和鸟类将卵产在其他动物的巢中，让这些动物做养父母。寄生蜂更加残忍——它们把卵产在毛虫体内。幼虫孵化后会分泌一种化学物质，用于控制毛虫的脑，使它毫无反抗能力。

奴隶与暴君

有些种类的蚂蚁洗劫其他蚂蚁的巢穴，抓来其他蚂蚁做奴隶；或是偷走其他蚂蚁的卵和蛹，将它们变成家养仆人。这些奴蚁则勤勤恳恳地照顾蓄奴蚁蚁后和它的卵，寻找食物，在群体遭到袭击时挺身作战。而蓄奴蚁自己什么也不会做。奴蚁甚至还会衔着它们的主人搬到新的巢穴。而有些被抓住的蚂蚁有时会杀死蓄奴蚁的幼虫报仇雪恨。

偷渡客

将其他动物的身体当作“交通工具”搭乘，可以不费吹灰之力就能获得新的食物来源。虱子和跳蚤跳到经过的动物身上吸血，并跟随它的移动找到下一位宿主。有些不太会游泳的鱼类，如鲫鱼头上有个吸盘，可以将自己吸附在其他大型鱼类身上。片脚类动物（一种小型甲壳类动物）经常寄生在栉水母的身上。

漫长的旅程

动物迁徙有许多原因。有些动物在一年中定期迁徙；有些动物是因为环境改变而迁走，它们很少再回来。不是种群中的所有成员都会迁徙——许多动物只有到了成年后才会因为繁殖而迁徙。

过度拥挤

当种群数量变得太多，而食物和空间有限的时候，有些动物就开始外迁。如果蝗虫和旅鼠的群体过于庞大，就会组成小分队离开。

我不知道它们为什么全都要跟着我——我也不知道自己在往哪儿飞！

寻找配偶

独居动物常常需要迁徙，去寻找配偶并繁殖后代。一年中有两到三个月，印度洋圣诞岛上数百万只红蟹会组成迁徙大军，它们从雨林中的洞穴出发，来到海滩交配，在海水中产卵。

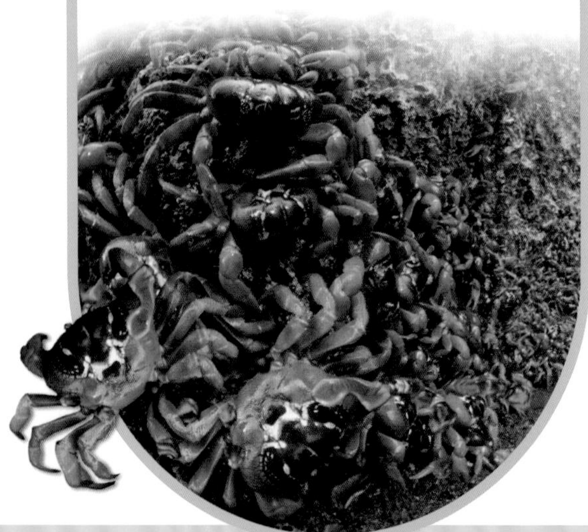

识路

有些动物的迁徙路程达到数千千米，然而其中许多动物是第一次踏上旅程。那么它们怎么知道去哪里呢？单独进行迁徙的动物从父母那里遗传了这种天性。还有一些动物，如大雁和天鹅，结成群体迁徙。它们利用地标及太阳、月亮和星星的位置进行导航。有些鸟类的体内含有“指南针”，能够根据地球磁场辨别方位。

游牧

对有些动物来说，到处游荡是一种生活方式。植食动物，如羊驼、原驼（如下图）、斑马，总是在寻找新的草场。它们的迁徙路线并不固定，只是简单地逐水草而居。

北极燕鸥每年要从两极之间往返4万多千米。

成千上万只动物经过的景象是地球上非常壮观的奇景之一。但是它们为什么会这样呢？这可不仅仅是一道风景——许多动物是为了寻找食物、水源或是配偶。这种定期的迁移活动称为迁徙。

许多迁徙性动物为了寻找食物或***繁殖后代***，要迁徙很长的距离。大多数旅途都是沿着固定的路线往返，有些动物***从不停留***。

做好准备

如果是长距离旅行，在出发前就要做好周密的准备。许多动物不能随身带着食物和水，所以它们在体内储存脂肪，用来提供能量。

该出发了

有些动物只有被逼无奈时才会离开，而有些动物天性中就知道何时该动身了。白天的长短或季节性天气状况会影响食物供给，或者让动物感到过热、过冷、过湿、过干等。如果动物不能适应这些变化，如没长出厚厚的毛皮或是不会冬眠，那么它就该迁徙了。

季节改变

大多数迁徙是季节性的，这是因为食物或水的缺乏使得动物无法继续待在一个地方。这类为了觅食而迁徙的动物包括大雁、驯鹿和鲸。座头鲸的旅程是世界上哺乳动物最长的迁徙之旅。它们的觅食地并不是理想的繁殖地，所以它们会从极地迁往温暖的海域繁殖后代。

一去不复返

北美洲的黑脉金斑蝶往南向墨西哥迁徙，度过寒冷的冬天。当它们开始返程的时候，就会交配，然后死亡。下一代继续向北的旅程，但通常第三代甚至第四代蝴蝶才能最终回到家乡。

鲑鱼在大海里生长，但到了性成熟之后就会返回到它们出生的淡水溪流中产卵。经过了一路上艰辛的旅程，在产完卵之后它们就因筋疲力尽而死去了。

繁殖后代

动物会用尽全力保护它们的宝宝，所以有些动物会迁往适于养育后代的地点繁殖。帝企鹅在南极冰面上行走数千米到达南极内陆的荒芜之地，确保它们的孩子远离捕食者。

波浪之下的生命

地球约 70% 的表面被海洋覆盖着，海洋是最大的生境。这里生活着多种多样的生物，不过，它们要面对与陆地上完全不同的生存挑战。

太咸了

即使将海水冲淡以后，陆生动物直接饮用或用于浇灌陆生植物还是对动植物有害。但是，海洋生物的体液盐度与海水差不多，这样就能保持平衡。鱼类会喝下海水，但它们会将多余的盐分通过鳃排出。海生哺乳动物很少喝海水，它们所需的水分大部分来自食物。它们还可以通过尿液排出多余的盐分。

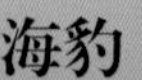
海豹

保持温暖

海洋表层水域很温暖，特别是靠近海岸的浅水区。极地海域和深海则非常寒冷。大多数海洋生物都是冷血动物，体温根据周围的水温而波动。但有时水温太低了——极地海域的鱼类血液中含有抗冻因子，可以防止身体结冰。

南极犬牙鱼

温血动物面临更多严峻的挑战，因此也发展出许多独一无二的特征。大多数温血海洋动物长着厚厚的脂肪层，用于储存能量。海豹和海獭还长着厚厚的皮毛，其中保存着一层空气，因此皮毛不会被水弄湿。海洋哺乳动物还有独特的血液循环系统：它们的动脉和静脉靠得很近，因此从体表流回身体的静脉血，可以吸收从身体流向体表的动脉血中的热量而变暖。

在黑暗中游动

阳光不能穿透太深的海水。因此那些依赖光合作用的生物，如珊瑚和海藻，只能生活在浅水域。越往下就越黑暗，到了一定的水深处就完全看不见了。因此生活在这里的动物依赖其他感觉——嗅觉、听觉、回声定位、对水压改变的感觉等——觅食和逃避敌人。有些动物自己能发光，叫作生物发光，用来吸引猎物或配偶。

鮟鱇

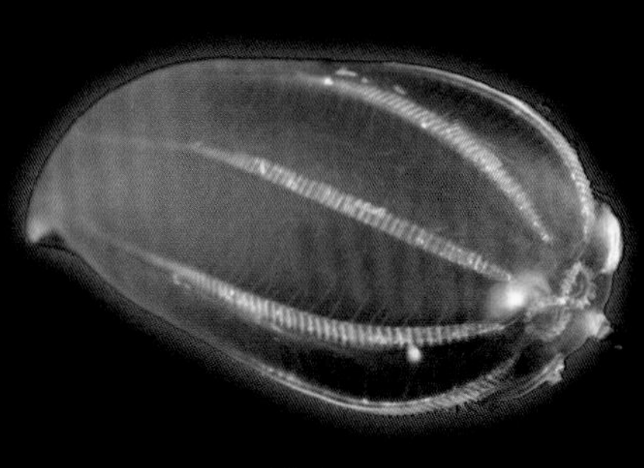
栉水母

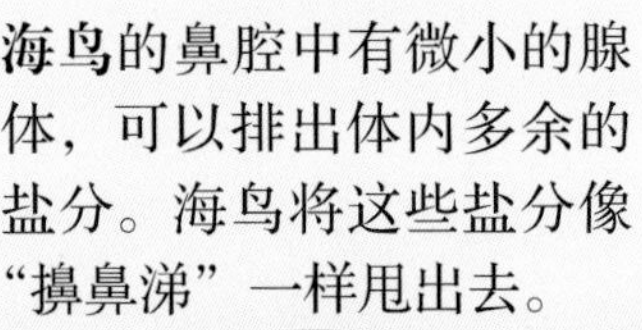

海鸟的鼻腔中有微小的腺体，可以排出体内多余的盐分。海鸟将这些盐分像“擤鼻涕”一样甩出去。

藤壶

呼吸

就像陆生动物一样，海洋生物也需要呼吸氧气，哺乳动物和爬行动物用肺呼吸，因此它们不得不定期浮出海面呼吸空气。它们很善于屏住呼吸，并使血液不流经不太重要的身体部位，如鳍肢，所以会有更多的血液流经大脑和心脏。但是，大多数水生生物是从水中获得氧气的。鱼类和无脊椎动物一生都在水中游来游去，它们用鳃或者皮肤呼吸。

鱼类的鳃长在头部两侧。鳃中的血管能吸收水中的氧气。

岩石海岸

生活在海滩附近的生物也许没有光线缺乏的压力，但它们却面临着其他的挑战。植物和有些无脊椎动物把自己牢牢地固定在岩石上，不再惧怕持续不断的波浪击打。这些动物在潮水退去后就裸露在岩石表面，它们覆盖着保护性外壳，以免被敌人吃掉或被太阳晒干而死。

海面之下每深 10 米，会**增加**相当于一个大气压的**压力**。

惊人的水压

虽然我们平时感觉不到，但其实我们全身每寸皮肤都承受着大气压。在海洋中也存在着水压。海水越深，压力就越大，甚至能压垮陆生动物的肺。因此潜入深海的动物需要对抗这种强大的压力，如抹香鲸和象海豹能压缩自己的肺，放缓心跳，并在肌肉中储存氧气。这样同时能减少能量消耗，因此也能帮助它们潜水。如果人类潜水员太快浮上海面，可能会因为压力的急剧变化而死亡。

散播种子

植物不能四处移动去寻找配偶或是更好的家园，因此它们进化出了独特的繁殖方式。有些植物产生出与自己一样的小植株，在不远处成长；还有些植物产生种子，借助风、水流或者动物带到远方定居。

花的内部

大多数开花植物通过种子繁殖。花里面有繁殖器官，包括柱头、子房、花药。花药里面含有花粉，花粉涂到柱头上就可以完成受精：花粉里的细胞下行到子房中，而子房里含有胚珠，花粉细胞与胚珠融合，最终产生种子。

花的内部

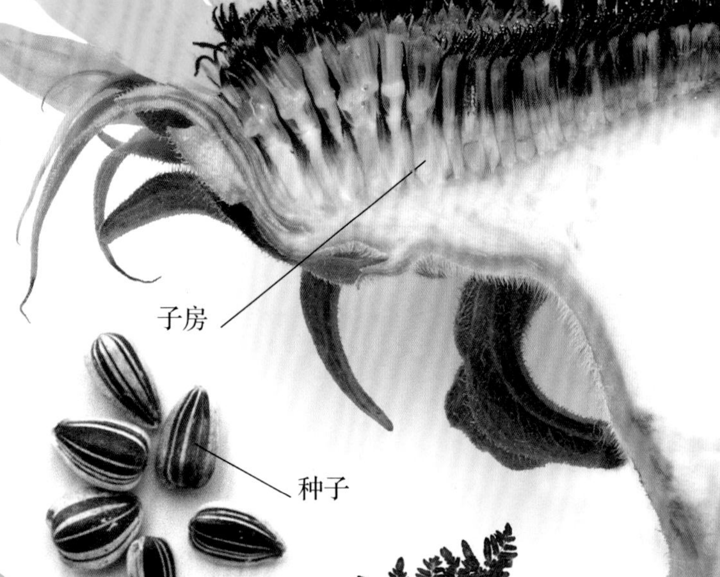

植物是怎么传播花粉的?

将一朵花的花粉传播到另一朵（或者从同一朵花的雄蕊到雌蕊）有多种不同的方式：有些植物的花粉非常轻，所以可以被风吹到另一棵植株的花里；还有些植物用含有糖分的甜甜的花蜜吸引昆虫、鸟类和其他动物为它们传粉。花粉黏在这些忙于采蜜的动物身上，跟着它们来到另一朵花里。

飞散的孢子

不开花的植物，如苔藓、蕨类靠孢子繁殖。与种子不同，孢子储存的养分很少，因此，只有在环境适宜孢子萌发的条件下才会释放。这些植物会制造大量的孢子，保证总有一部分能够生存下来。

我把吃不完的坚果和种子埋在地下，帮助树的繁殖。

柱头

花蜜

花瓣

花药

正在形成的种子

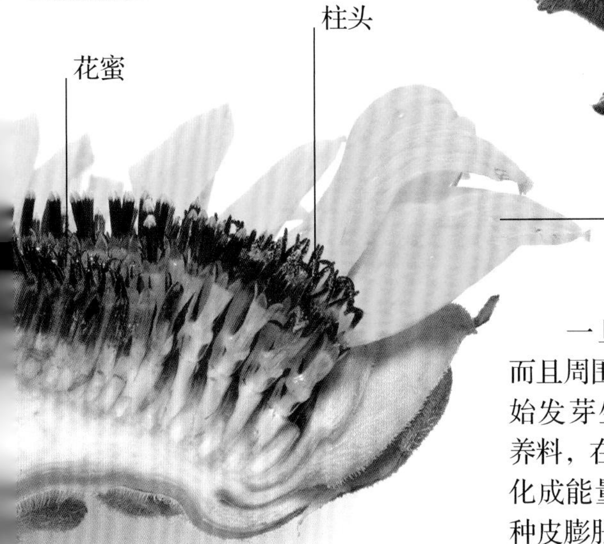

新的开始

一旦种子掉入土壤中，而且周围环境适宜，它就会开始发芽生长。种子中储存了养料，在长出叶片之前可以转化成能量供种子利用。首先，种皮膨胀、裂开，长出微小的根来吸收水分。然后，种子长出一个小小的芽，里面包含了第一片叶子和茎。

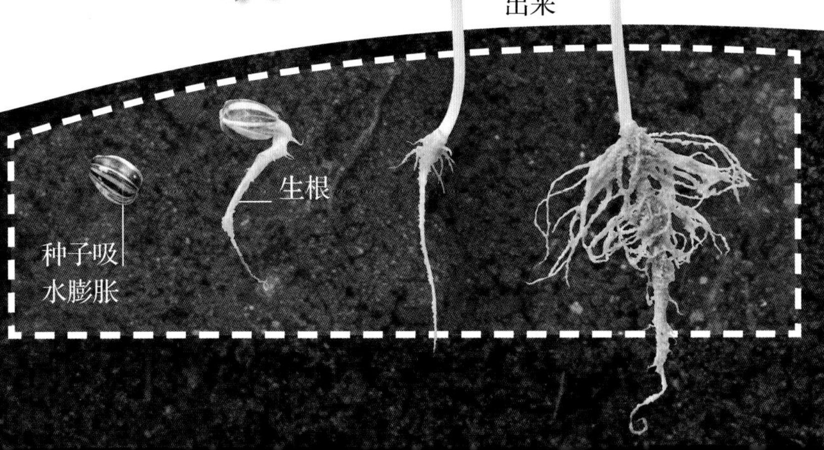

第一片叶子展开

茎长出来

生根

种子吸水膨胀

散播种子

一旦植物受精之后就开始形成种子。当种子成熟后，植物会将它们尽可能散布到最远的地方，以便得到最好的生存机会。有些植物靠风或水流散播种子，有些就只是简单地掉落下来，有些可以将种子弹射到很远的地方。动物也可以帮忙散播种子：它们吃下（然后又排泄出来）或者埋藏一些种子，或者将皮毛上黏附的种子带到远方。

通过弹射传播

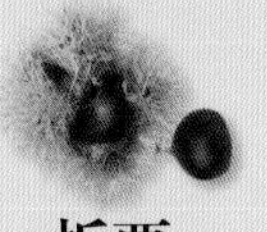

板栗

黑豆

花叶燕麦草

通过动物传播

牛蒡

榛子

橡子

通过水流传播

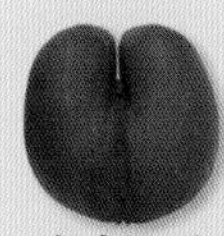

海椰子

椰子

海刀豆

通过风传播

蒲公英

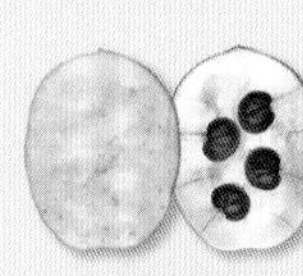

椴花

悬铃木

完全一样

许多植物可以不用种子繁殖。它们的茎、根或叶上可以长出小植株，与母体一模一样。这种繁殖方式在自然条件不适于传播种子的情况下很有用。

球茎

块茎

根状茎

我们的任务
是寻找生命。

生命的另一面

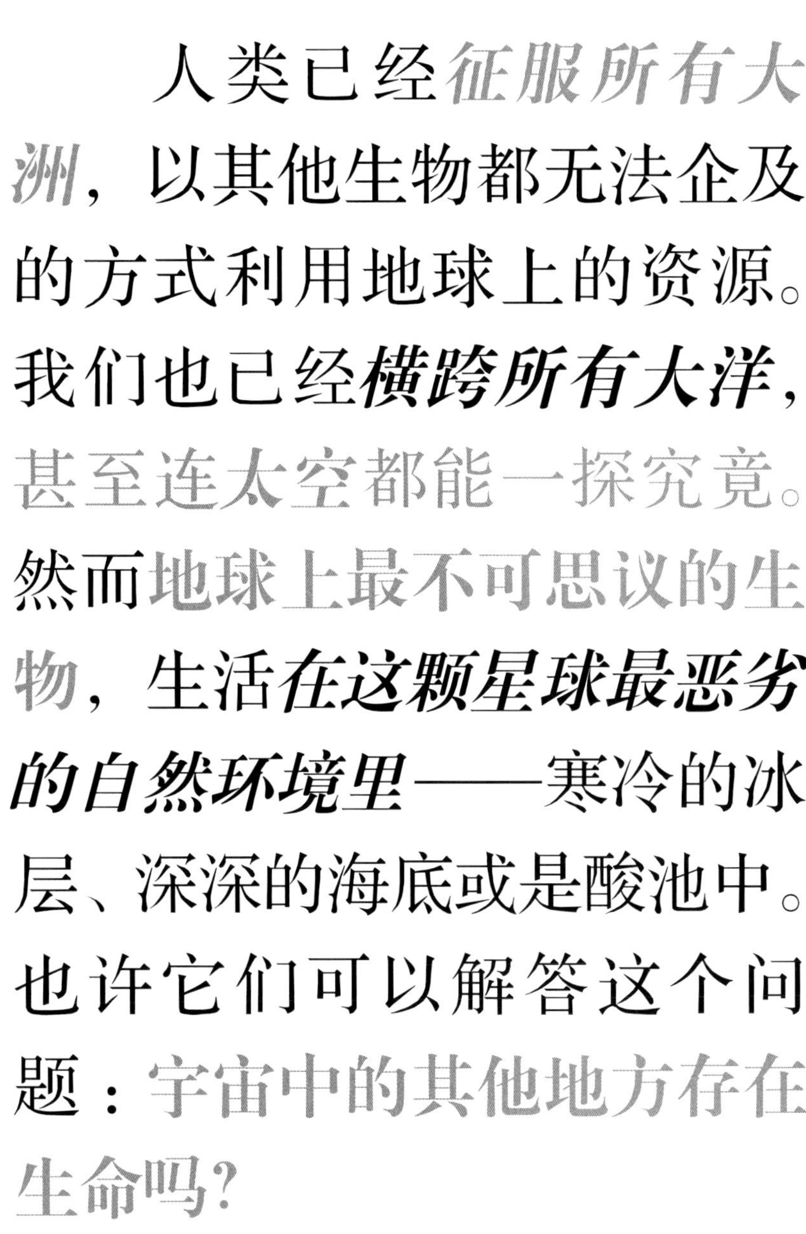

人类已经征服所有大洲，以其他生物都无法企及的方式利用地球上的资源。我们也已经***横跨所有大洋***，甚至连太空都能一探究竟。然而地球上最不可思议的生物，生活***在这颗星球最恶劣的自然环境里***——寒冷的冰层、深深的海底或是酸池中。也许它们可以解答这个问题：宇宙中的其他地方存在生命吗？

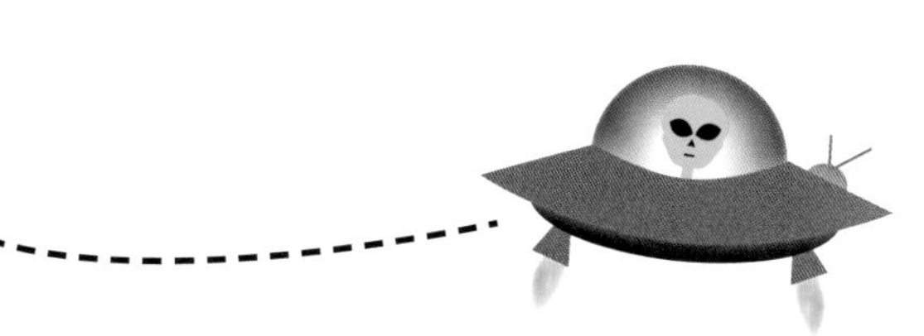

终极动物？

人类也是一种动物——我们都需要氧气进行呼吸，需要饮水，需要食物提供能量。数千年以来，人类进化出了一系列独特的技能和本领，因此，我们能够解决一些其他物种都必须艰难面对的困难。

大脑的力量

我们最大的财富就是我们的大脑，大脑相对身体的比例来说体积很大，而且高度发达。我们有自我意识，能解决问题，会运用语言，还能制造工具。有些动物也具备这些能力——类人猿、大象和海豚能认出镜子中的自己、使用工具和相互交流。这些动物拥有纺锤体神经元，可以使大脑高速运转，在智能发展中发挥了关键作用。

社会性智能

人类也许并不比其他生物更聪明，然而创造、学习并转化为文化知识的能力，让我们成为万物的主宰。当你和朋友一起玩或是上学的时候，你就在学习这些知识和文化。如果只有个别人无所不通，人类的生存也不会像今天这样成功。海豚、黑猩猩和大象也会将某些技能传给下一代，如制造、利用工具以获得食物。这说明它们也有简单的文化形式。

有一种物种***占据了整个地球***，这就是**人类**。从*北极到南极*，人类已经在各种各样的环境中生存了下来，与**其他生物**竞争食物、空间和其他自然资源。

猿人

人类是高等动物，或者更确切地说属于人科。这一类群包括黑猩猩、猩猩和大猩猩。与我们亲缘关系最近的是黑猩猩，它们与人类的DNA 相似度达到 98.7%。科学家认为我们最近的祖先生活在 700 万年前。那时地球上生活着很多种智人，但只有我们人类存活到了今天。

更快，更强

我们中某些人的身体素质能超越平均水平。想一想在奥林匹克运动会上一决高下的运动员吧！他们艰苦地训练，因此比普通人跑得快、跳得高、游得远。其他动物根本不会做这些，因为如果它们投入训练，就可能会被意外现身的捕食者抓住，或是没时间寻找食物。其他动物只需要让自己强到足以在这个自然界中生存下来，它们绝不会浪费能量。

交谈

其他动物也能发出代表某一内容的叫声，如警告、提醒或是占据地盘。人类最开始的交流也是通过叫喊和手势。然后，单词被组成了句子，意识得以表达。通过词汇的组合，人类几乎可以创造出无穷无尽的信息。科学家发现鸟类和海豚有特定的口音。甚至还有证据表明海豚群的成员之间给彼此起了名字，这样就可以和想说话的对象直接聊天了。

你并不孤单

当你照镜子的时候，你只看见了一个生物——你自己。然而你没有意识到的是，其实你是一个会走路的生态系统，你的身体上居住着数百万个其他生命。有些是有益的，有些是有害的，大多数长得都不大好看。下面是对你的同伴的介绍。

头发

头虱是一种微小的、没有翅膀的昆虫。它以吸人类头皮中的血液为生，并在头发上产卵。头虱能引起头皮上的小鼓包，不过对身体没有太大危害。它们能迅速从一个人身上传播到另一个人身上，而且绝不挑剔头发是否干净。

睫毛

这些腿短粗的微小螨虫只有 0.3 毫米长，大头朝下地住在我们的睫毛毛囊中。它们整体都在这里进食皮肤细胞或繁殖，不过到了晚上，它们可能会探出头来在你脸上溜达一会儿。

友好的伙伴

有害的访客

消化道

成年人的消化道中含有 1.5 千克细菌。其中大多数在消化食物、转化营养物质方面起到了关键作用。但有时候某些外来的有害细菌侵入后，有益菌群就可能崩溃，这时候你就会肚子痛了。

口腔

我们的嘴里充满了细菌，它们覆盖了牙齿、牙龈、口腔内膜的表面，以食物残渣为生。人的口腔里大约有 2.5 万种不同的细菌，其中大概 1000 种生活在牙齿表面，形成一层黄褐色的薄膜，称为牙菌斑。如果牙菌斑变硬了，就会在牙齿上形成蛀洞。

手

扁平疣是由一种叫作人类乳头瘤病毒感染引起的。这些病毒在人体中各种适于生长的地方安家落户，特别是人的手或脚。

神经

有些病毒能在人体中潜伏很久才会发病。引起水痘的病毒可以在人体的神经里休眠数年之久，一旦发病就会引起皮肤上长出许多小疱疹，火辣辣的，又痛又痒。

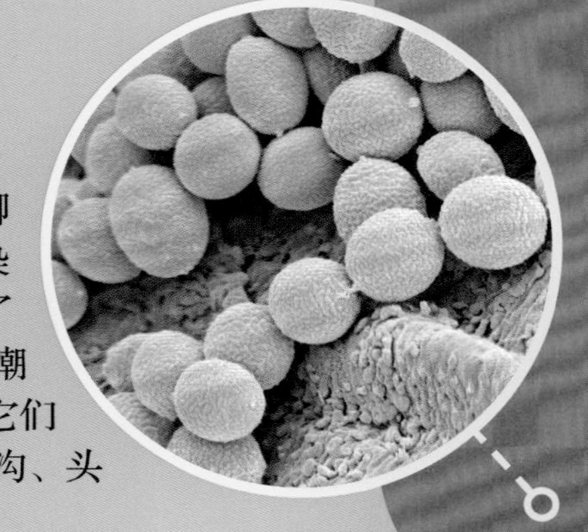

脚

如果你在游泳池里赤脚走来走去的话，有可能会感染一种寄生性真菌，也就是得了脚气。这些真菌喜欢生活在潮湿的环境中，如脚趾缝中。它们还可能感染其他部位：腹股沟、头皮以及指甲。

肚脐

科学家已经发现了超过 1458 种生活在肚脐中的细菌新物种。这个地方是细菌的天堂，因为这里不像身体其他部位那样会分泌保护性的皮脂，因此成了细菌最理想的生长环境。

照一照

镜子，

向里面除你之外的

90 万亿个

生物问声好吧！

皮肤

你的每一寸皮肤都覆盖着数百万个细菌。它们以汗液为食，新陈代谢之后就会产生难闻的气味。但是，其实正因为有了它们的存在，才隔绝了其他一些有害的细菌，保护了你的身体。

极端环境中的

我们的星球上**不是所有地方**都适于生命生存。有些地方热到连水都会沸腾，有些地方结着厚厚的冰层，有些地方含有极高浓度的盐分，还有些地方没有氧气。然而，这里依然有一些生命形式存在，我们称其为***极端生物***。

热水

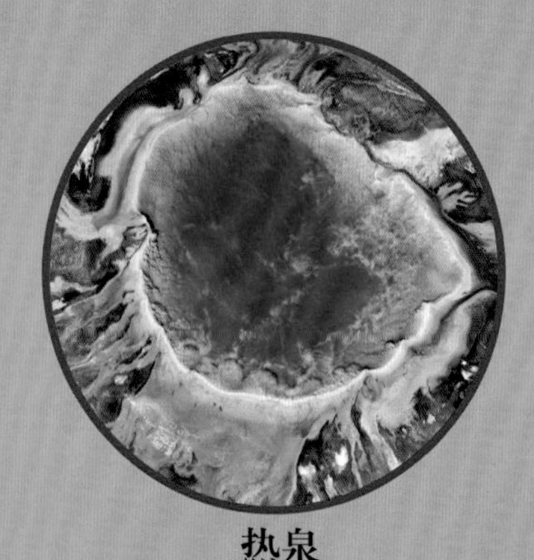

热泉

在火山区，间歇泉的泉眼和地壳裂缝中冒出沸腾的水，整个水域温度超过 40℃，水中充满了硫化物。虽然条件如此恶劣，但仍有某些特殊的细菌生活在此。在美国黄石国家公园中，美丽的大棱镜泉的绿色和红色就是生活在池塘边缘的细菌的杰作。

压力

红管虫

在深海的海床上，热泉眼向海洋中喷发出极热的、充满硫化物的地下水。热泉眼里的温度超过 150℃，附近压力很大且没有氧气。科学家已经在这里发现了微生物，而且不仅于此——这些热泉眼还是巨型管虫、庞贝虫、蟹、虾甚至鱼类的家园。它们都以生活在这种有毒环境中的细菌为食。

寒冷

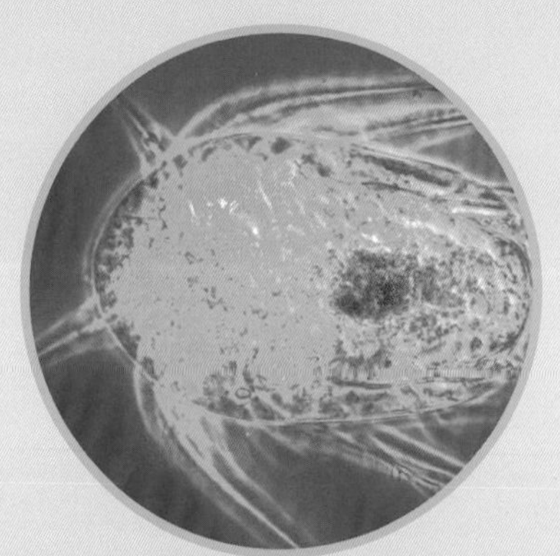

海洋浮游生物

还有些生物居住在连温度计都要低到极点的冰层中。这些生物发展出了特别的蛋白质，就像防冻剂一样保护它们的体细胞不会结冰。尽管这里如此寒冷，但这片区域却充满了生命。极地海域中生长的细菌成了磷虾、浮游动物、鱼类的美食。有些冰鱼甚至敏感到如果温度上升到 4℃以上，就会死于“中暑”。

生命

大多数极端生物都是古细菌。更复杂一些的有机物只能在恶劣环境下短时间生存。这些生物的共同点是发展出了特殊的生存机制，用于应对这些极端环境。

盐分

卤虫

有些内陆湖没有通往海洋的出水口，因而水中的盐分越来越浓。这些盐分可能是酸性或碱性的物质或是中性的氯化钠。许多陆地生物不能在这种高盐度的环境中生存，因为它们身体细胞中的水分会流失，最终因缺水而死。但是，有些细菌和藻类，还有一些卤虫和卤蝇（鸟类以此为食）可以生活在这里。

干旱

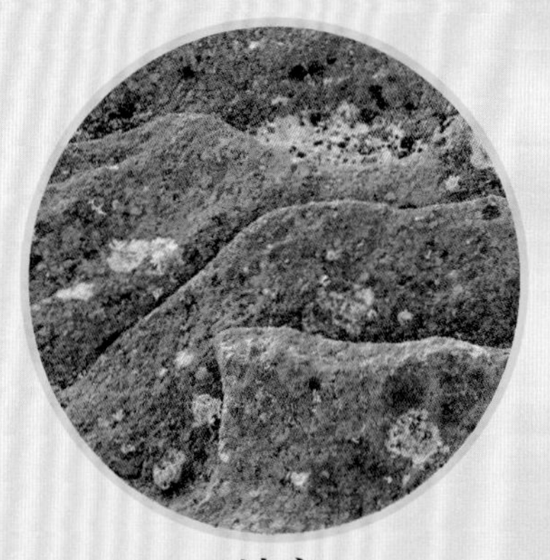

地衣

没有生物能离开水，但有些只需要一点儿水就可以了。真菌是最成功的节水冠军，它们用根一样的菌丝吸收水分和营养。霉菌也可以在干燥的食物上迅速蔓延，如谷物和坚果。有些地衣还能生活在沙漠中光秃秃的炽热岩石上，它们只在雨季来临时才开始生长。它们的孢子有着厚厚的外壳，可以度过干旱的时期。

真正的极端条件

科芬鱼

其他极端生物：适压生物，如科芬鱼生活在压力极大的深海海底；抗辐射生物能抵御会杀死其他生物的放射线；厌氧生物，如生活在动物消化道中的细菌，不需要氧气即可生存；复合极端生物则能生存于多种极端环境中。

奇特的动物

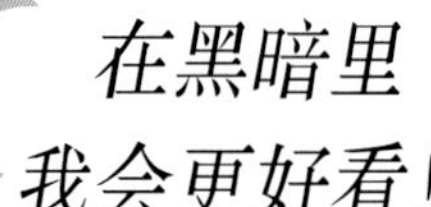

黏菌

如果你在草坪上发现了一块果冻般颤巍巍、移动非常缓慢的东西，那十有八九是黏菌。黏菌是原生生物。当环境条件合适时，单细胞黏菌就开始繁殖，许多个单独的如同鼻涕虫一样形状的黏菌聚集起来，分泌胶状物，形成一块活物质，就像一个生物一样。其中有些细胞形成菌体，有些产生孢子。

毒蛇鱼

这种令人生畏的鱼，上下颌长着如同细针一样尖锐的半透明牙齿。实际上由于牙齿实在太长了，它们要想把食物吞进嘴里，必须把嘴张得大大的。毒蛇鱼还有一种狡猾的捕食策略：它的背鳍上有一个可以发出生物光的器官，称为发光器，它利用发光器发出的光线引诱小鱼靠近。

我想凉快一下——如果太热了，我的整个身体就会散架！

捕蝇草

捕蝇草生活在湿地环境，可以捕捉小昆虫。它们的叶片分成两瓣，如同一个捕虫夹，中央为红色，吸引昆虫靠近。当一只误打误撞的昆虫碰触到叶片内面的感觉毛时，捕蝇草就会迅速关上“捕虫夹”，将昆虫困在里面。随后分泌消化酶，将猎物消化殆尽。

生物有着各种各样的形状和大小，生活史也有许多不同。尽管如此，有些生物还是显得有点“鹤立鸡群”，下面是一系列与我们共同生活在地球上的**奇特**的生物。

指猴

指猴是一种令人有点毛骨悚然的哺乳动物，它们只生活在马达加斯加，被当地人奉为“恶魔”。这种夜行灵长类动物通过回声定位寻找食物——它们用长长的中指敲击树干，仔细倾听树皮下昆虫发出的声音，找到猎物后，它们会用超长的手指将昆虫钩出来。

蝾螈

蝾螈属于两栖动物。与其他两栖动物不同，它们从不到陆地上去。它们一生都保持着外鳃，只在水里生活。蝾螈有着独一无二的再生能力——它们能再生出四肢，甚至一部分大脑，因此，现在的药物学家对它们十分感兴趣。

冰虫

冰虫生活在美国西北部和加拿大的冰川之中。它们只在晚上出来，以藻类为食，到了黎明时分又躲回冰层之下。如果周围温度上升到5℃以上，它们的身体就会逐渐溶解，直至散架。科学家不知道它们是如何在冰层中打洞的——有些人认为它们通过分泌一种可以溶解冰层的物质来挖隧道。在海底寒冷的甲烷气田，也发现过它们的踪影。

鲎

这种长相奇特的动物是一种“活化石”——它们从3亿年前一直生存至今。鲎生活在海底，却与蜘蛛和蝎子是近亲。它们的头和胸融合在一起，有6对足，全身被覆坚硬的外甲。

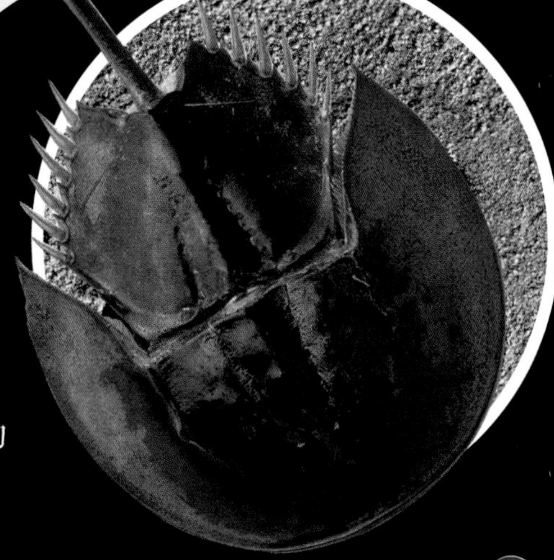

这个世界之外

据我们所知，地球是唯一一个拥有生命的星球。但是，宇宙中有不计其数的恒星和行星，有可能存在其他生命。不过它们和地球上的动物、植物、真菌和细菌一样吗？*也许有一天我们终将发现它们。*

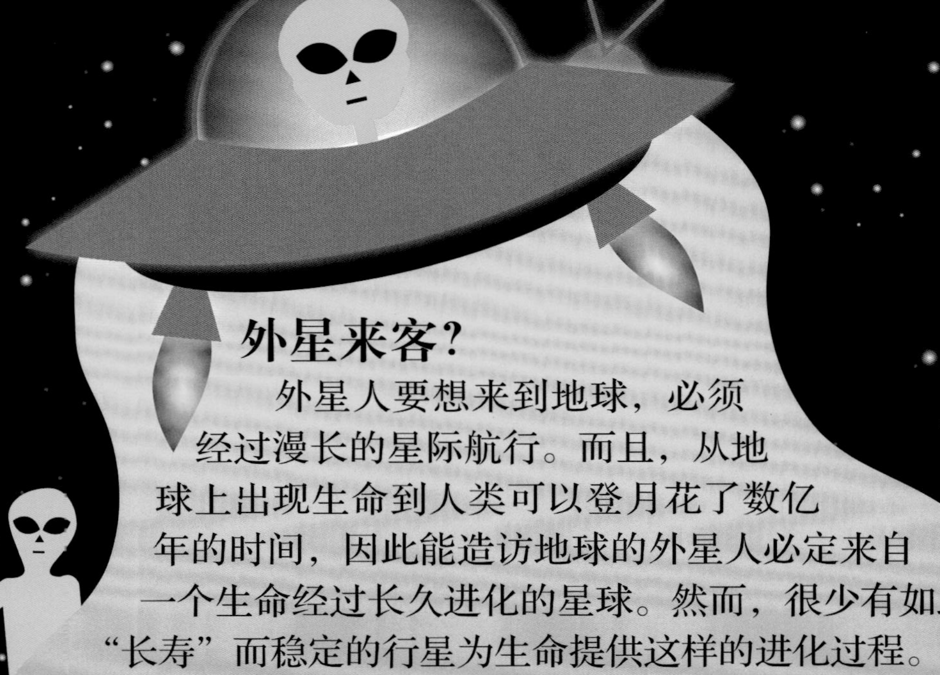

在太阳系还存在其他生命吗？

科学家已经开始在太阳系的其他行星和月球上探测生命的存在。虽然只有地球处于适居带，但通过最近对极端生物（见第 88 ~ 89 页）的研究，科学家推测在火星或土卫二、木卫二、木卫一、土卫六等卫星上存在着生命的痕迹。我们知道，有些细菌能生活在极端恶劣的环境中，正如生活在这些星球上一样。

外星来客？

外星人要想来到地球，必须经过漫长的星际航行。而且，从地球上出现生命到人类可以登月花了数亿年的时间，因此能造访地球的外星人必定来自一个生命经过长久进化的星球。然而，很少有如此“长寿”而稳定的行星为生命提供这样的进化过程。

没有第二个地球

在太阳系中的八大行星中，只有地球上有生命存在。这是因为地球的位置恰好处在适居带。在这个距离下，行星上的水才能保持液态，我们的邻居——金星和火星上之所以没有生命也正是这个原因。为了支持生命存在，行星还必须有高热的内核及足够的重力来维持大气层。

对生命来说太冷
适居带（正好适合生命生存）
对生命来说太热

火星
地球
金星

火星

科学家通过对火星的探测，发现火星的两极覆盖着冰层，在冰层之下可能会有液态水。但是，火星的大气层很稀薄，充满致命的射线，如果火星上存在生命，很可能生活在地下。

土卫二和木卫二

科学家认为这两个天然卫星的冰层之下存在液态水。这两个卫星都有炽热的地核，所以生物可能生活在类似地球上的水下热泉眼周围。

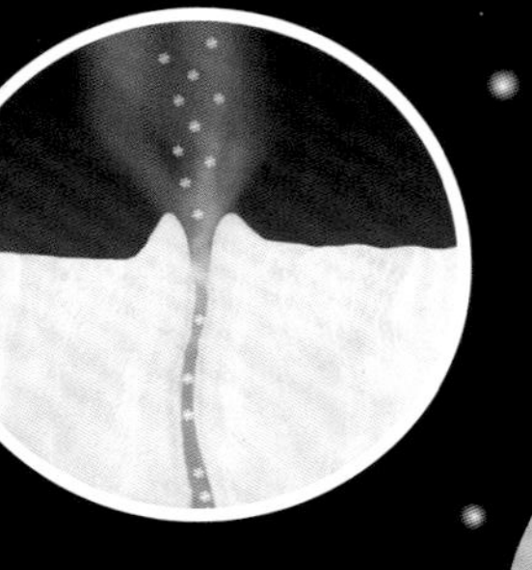

木卫一

这是少数具有大气层的天然卫星之一，有着炽热的内核，火山活动频发。科学家认为木卫一上有复杂化合物，但是任何生命要想生存下来，必须面对木星散发的致命射线。

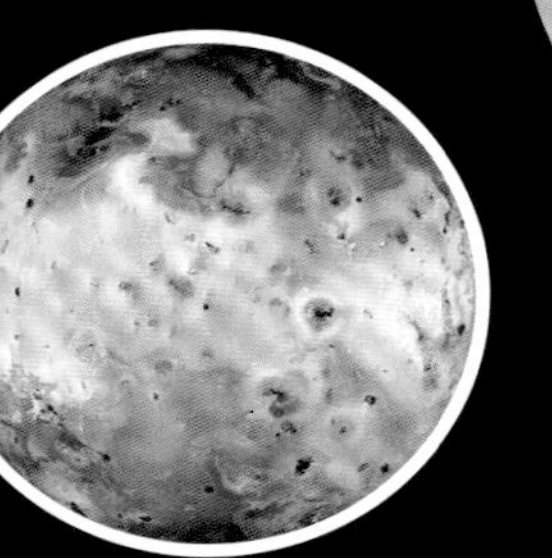

土卫六

土卫六上最有可能存在生命。它的大气层中含有地球上的生命所必需的氨基酸。这里的环境条件也很像早期地球，不过没有液态水。

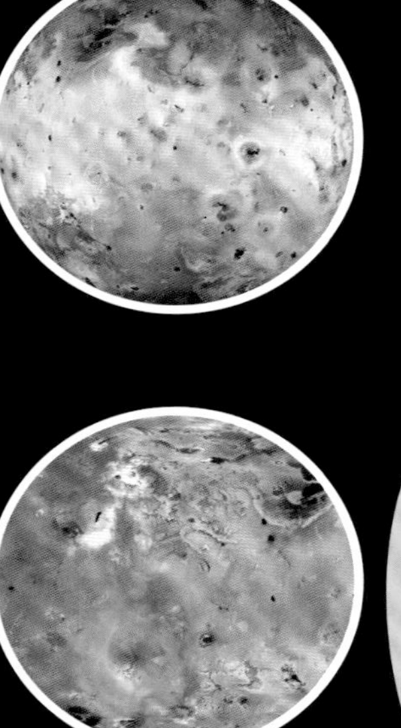

小绿人

在电影里，外星人常常被描绘成酷似人类的外貌，但长着巨大的杏仁形眼睛，没有头发，或者是有着三头六臂的怪物形象。但这些都是幻想。外星人有可能就像生活在地球上的一些奇特的动物一样，因为这样的体形和结构很适合于生存在特定的环境中：鱼形的身体适于游泳，成对的足适于行走，翅膀适于飞行，眼睛可以探测到光线。其他星球上的生命进化，可能与地球上形成奇特物种的过程类似。

这不是外星人——这是一种叫作***欧巴宾海蝎***的动物，生活在 5 亿年前的地球上！

低重力

困境

如果其他星球上有生命存在，很可能面对的是不同于地球上的物理环境。可能有着不同的重力、白天时长、温度或是大气层，这些都会改变生物的形态、移动方式、能量需求及生命周期。比如，生活在有着极大重力的星球上的生物，个子会很矮，以应对大气层巨大的压力。想象一下一个遍布着低矮植物和矮个子外星人的星球吧！反过来，如果是一个重力很小的星球，动植物将会长得很高。

高重力

词汇表

DNA（脱氧核糖核酸）：细胞中包含了决定生物体结构及功能的一切信息的一种物质。

氨基酸：细胞中构成蛋白质的一种化学物质。

孢子：生物体的一种繁殖结构（类似种子），能在恶劣的环境中生存，许多真菌、藻类和蕨类用孢子繁殖。

捕食者：杀死并吃掉其他动物的动物。

哺乳动物：用乳汁哺育后代、长有毛发或皮毛的动物。

传粉：开花植物传播花粉的过程，这样才能繁殖，产生种子。

雌雄同体：个体同时具有雄性和雌性生殖细胞的动物。

冬眠：某些动物在冬天放缓身体的新陈代谢，进入深度睡眠中，度过食物匮乏的季节。冬眠发生在冬天，在夏天则称为夏眠。

分解者：将动植物残骸分解为营养物质并返还土壤的生物。

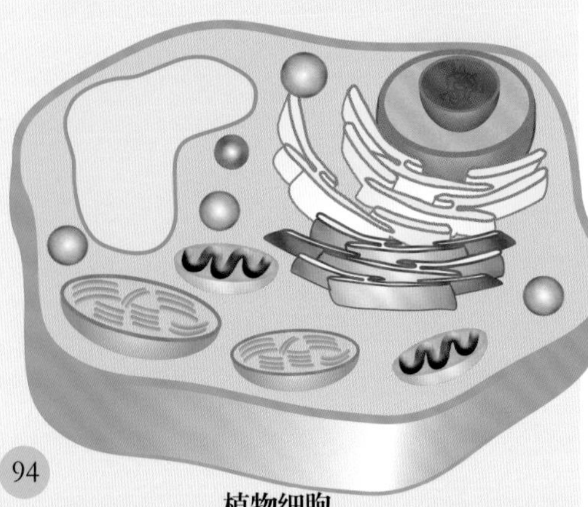
植物细胞

分子：一类至少由两个原子通过化学键组成的化学物质。

共栖：两种动物之间一种获益，而另一种没有好处但也不受危害的关系。

孤雌生殖：有些动物的一种繁殖方式，不需要交配就可以产下后代，后代全部为雌性，与母亲一模一样。

光合作用：植物利用水、二氧化碳、阳光合成糖类同时释放氧气的过程。

互惠共生：两种生物之间对彼此都有利的关系。

基因：编码某个特征的遗传信息的 DNA 片段。

极端生物：可以生存在极端环境下的生物。

脊椎动物：具有脊椎的动物。

寄生虫：利用其他生物生存的生物，会给宿主带来危害。

甲壳动物：身体被覆坚硬甲壳的动物，有一对触须，每个体节长有一对足。

减数分裂：繁殖的一种方式，后代能从双亲继承不同的基因组合。

节肢动物：一类具有坚硬外骨骼的无脊椎动物，身体和附肢都分节。

进化：生物经过数百万年变得更适应生活环境的过程。

菌丝：真菌和霉菌产生的根状结构。

两栖动物：一类可以生活在陆地上和水中的冷血动物。

猎物：被其他动物杀死并吃掉的动物。

落叶植物：叶片宽大，一般在秋冬季节会落叶的植物。

酶：细胞中的一类用于分解或合成分子的蛋白质。

灭绝：一个物种的最后一个个体死亡。

爬行动物：一类体表被覆鳞片的冷血动物，大多数产卵，一小部分直接产下后代。

气候：某个地区长时间内的天气状况。

气孔：叶片外表面的开孔，允许气体进出。

迁徙：动物为了觅食或是繁殖从一处迁往另一处，通常发生在一年中特定的时期。

刺胞动物：一类生活在水中的、身体柔软的动物，包括水母和海葵。

群体：一群动物生活在一起，或是组成一定的生存模式。

热泉眼：海床上的开口，喷涌出来自地壳缝隙中的滚水和化学物质。

色素：具有颜色的一类化学复合物。

生境：动植物的自然栖息地。

生态系统：在一块特定区域生活在一起的植物、动物、真菌和细菌。

生物多样性：生活在一片特定区域中的物种种类和数量。

食腐动物：以动物尸体或植物残骸、真菌为食的动物。

适应：动植物为了在生活环境中生存和繁殖所具有的一种特性。

受精：雄性和雌性生殖细胞结合，以产生新个体。

糖酵解：细胞将葡萄糖转化成小分子物质的过程。

外骨骼：无脊椎动物体表的一种坚硬的外部骨骼。

维管系统：植物运输水分和养分的细胞组成的系统。

无脊椎动物：没有脊椎的动物。

DNA 分子

物种：一组具有相同特征（如形状、大小、颜色）的生物。

细胞：组成生物体的最基本结构。

无性繁殖：繁殖的一种方式，后代与亲代完全一样。

纤维素：植物细胞壁中的一种化学物质。

线粒体：细胞中的一种细胞器，将食物转化为能量。

信使 RNA：一种单链核糖核酸，用于在细胞中复制和生产蛋白质。

胸：动物身体结构的一部分，连接头部和腹部。

休眠：当环境恶劣时，有机体放缓或停止生命机能，直到环境改善。

叶绿素：植物中的一种绿色色素。

叶绿体：植物细胞中的一种微小细胞器，里面含有叶绿素。

营养物质：对生物的生长和生存至关重要的物质。

有袋动物：幼崽生下来发育不全、需要在育儿袋里成长的哺乳动物。

有机体：有生命的事物。

幼虫：昆虫的幼年形态，通常外形为肉虫或毛虫，之后变为成虫。

元素：具有相同的核电荷数的一类原子的总称。

原生生物：有着简单细胞结构的生物。

杂食动物：以肉类、植物和真菌为食的动物。

藻类：主要为结构简单的水生植物。海藻属于藻类。

种群：一种物种在一个特定区域内的集群。

食腐动物

致 谢

Dorling Kindersley would like to thank the following for their kind permission to reproduce their photographs:
(Key: a-above; b-below/bottom; c-centre; f-far; l-left; r-right; t-top)

5 Dreamstime.com: Irochka (fbl). **Getty Images:** All Canada Photos / Tim Zurowski (fcla/hummingbird). **7 Science Photo Library:** Eye of Science (tl). **10 Science Photo Library:** Henning Dalhoff (fbl, bl, fclb); Paul Wootton (l). **11 SuperStock:** Robert Harding Picture Library (cr, fcr). **17 Corbis:** Photo Quest Ltd / Science Photo Library (br). **Science Photo Library:** Steve Gschmeissner (crb). 18 Fotolia: Vadim Yerofeyev (cr). **Science Photo Library:** Eye Of Science (br); Dr. Kari Lounatmaa (fcr). **19 Science Photo Library:** National Cancer Institute (cr). **23 Dorling Kindersley:** Natural History Museum, London (tl). **24 Dreamstime.com:** Dannyphoto80 (cra); Andrey Sukhachev (cla); Irochka (ca). **25 Dreamstime.com:** Peter Wollinga (cla). **26 Dorling Kindersley:** Barry Hughes (crb); Natural History Museum, London (cl, c); Robert Royse (fcrb). **Getty Images:** Moment / Copyright Faraaz Abdool/ Hector de Corazón (cb); Tim Laman / National Geographic (bl). **26–27 Dorling Kindersley:** Jon Hughes. **27 Jonathan Keeling:** (bl). **33 Dorling Kindersley:** Natural History Museum, London (br). **Science Photo Library:** Steve Gschmeissner (bl). **35 Dreamstime.com:** Cosmin – Constantin Sava (clb). **37 Dorling Kindersley:** Jeremy Hunt – modelmaker (fbr). **38 Alamy Images:** Brand X Pictures (clb/beetle). **Dorling Kindersley:** Natural History Museum, London (cb/butterfly, crb/moth); Jerry Young (br/woodlouse). **39 Dorling Kindersley:** Natural History Museum, London (bl, fbr); Jerry Young (cb). **40 Corbis:** Bettmann (br). **41 Alamy Images:** Carolina Biological Supply Company / PhotoTake Inc. (bl); Dennis Kunkel Microscopy, Inc. / PhotoTake Inc. (cr); MicroScan / PhotoTake Inc. (br). **Corbis:** Mediscan (tc). **Getty Images:** Visuals Unlimited, Inc. / Kenneth Bart (tr); Visuals Unlimited / RMF (cra). **Science Photo Library:** Eye of Science (cla); Power and Syred (tl); Edward Kinsman (clb). **SuperStock:** Science Photo Library (crb). **42 Corbis:** Visuals Unlimited (clb). **Dorling Kindersley:** David Peart (cla). **Science Photo Library:** Dr. Kari Lounatmaa (cl). **SuperStock:** Robert Harding Picture Library (tr). **43 Corbis:** Jonathan Blair (clb). **SuperStock:** Robert Harding Picture Library (cl). **44 Alamy Images:** Paul Fleet (bl). **Dorling Kindersley:** Jamie Marshall (fcrb/parrot). **Getty Images:** Nick Koudis / Digital Vision (fclb/koala); Photodisc / Gail Shumway (fcrb/frog); David Tipling / Digital Vision (br). **45 Dreamstime.com:** Dreamzdesigner (br). **49 Dorling Kindersley:** Jamie Marshall (bl). **50 Dorling Kindersley:** David Peart (cl). **Getty Images:** Luis Marden / National Geographic (c). **SuperStock:** Science Faction (cr). **51 Corbis:** Lars-Olof Johansson / Naturbild (tr); Visuals Unlimited (cr). **53 Alamy Images:** Rick & Nora Bowers (clb/deer mouse). **Dreamstime.com:** Aspenphoto (cl/deer). **55 Science Photo Library:** Dr. Kari Lounatmaa (cb). **SuperStock:** imagebroker.net (br). **56 Corbis:** Philippe Crochet / Photononstop (fcl). **Getty Images:** Discovery Channel Images / Jeff Foott (bc). **NASA:** (cl). **58 Dorling Kindersley:** Newquay Zoo (tl). **58–59 Corbis:** John Lund (c). **Getty Images:** All Canada Photos / Tim Zurowski (ca). **59 Corbis:** DLILLC / Tim Davis (tl). 60 **Dorling Kindersley:** Peter Minister – modelmaker (cl, bl/termites). **61 Getty Images:** Oxford Scientific / Mary Plage (cra); Oxford Scientific / David Fox (crb). **SuperStock:** Robert Harding Picture Library (cr). **68 Dorling Kindersley:** Gary Stabb – modelmaker (cl). **70 Alamy Images:** Nigel Pavitt / John Warburton-Lee Photography (cr). **Dorling Kindersley:** Jerry Young (bc). **Dreamstime.com**: Amreshm (cb); **Fotolia**: anankkml (crb); **71 Alamy Images:** Michael Callan / FLPA (clb); Jeremy Pembrey (cr); Nicolas Chan (c). **Dorling Kindersley:** Natural History Museum, London (cl); Jerry Young (bc); Sean Hunter Photography (fbr). **72 Corbis:** Clouds Hill Imaging Ltd. (bl). **Getty Images:** Photographer's Choice / Kendall McMinimy (tl). **SuperStock:** Minden Pictures (fcl). **73 Alamy Images:** David Fleetham (crb). **Corbis:** DLILLC / Tim Davis (cr). **Dorling Kindersley:** Natural History Museum, London (clb). **Getty Images:** Stone / Bob Elsdale (bl). **74 Dorling Kindersley:** Mike Read (cr); Gary Stabb – modelmaker (cl); Brian E. Small (c). **75 Dorling Kindersley:** Gary Stabb – modelmaker (cr). **Science Photo Library:** Courtesy of Crown Copyright Fera (cl). **76 Corbis:** Winfried Wisniewski (c). **Getty Images:** Gallo Images / Travel Ink (bl). **77 Corbis:** Ocean (bc). **Getty Images:** The Image Bank / Jeff Hunter (cl); Oxford Scientific / Chris Sharp (cra); Photographer's Choice / Nash Photos (cr). **78 Alamy Images:** Poelzer Wolfgang (br). **78–79 Dorling Kindersley:** Hunstanton Sea Life Centre, Hunstanton, Norfolk (c). **79 Dreamstime.com:** Olga Khoroshunova (crb); Rachwal (tl). **80–81 Corbis:** John Lund (t). **80 Corbis:** John Lund (bl/sky). **Getty Images:** All Canada Photos / Tim Zurowski (clb). **84 Dreamstime.com:** Kirill Zdorov (br). **85 Getty Images:** AFP Photo / Hrvoje Polan (bl). **86 Science Photo Library:** Eye of Science (cla); Martin Oeggerli (cb); David McCarthy (crb). **87 Science Photo Library:** Thierry Berrod / Mona Lisa Production (cra); Eye of Science (cla); BSIP VEM (bl, cb); Steve Gschmeissner (crb). **88 Alamy Images:** Robert Pickett / Papilio (cr); Jeff Rotman (c). **Getty Images:** Panoramic Images (cl). **89 Alamy Images:** blickwinkel / Hartl (cl); Frans Lanting Studio (c). **90 Alamy Images:** blickwinkel / Patzner (cl). **Corbis:** Kevin Schafer (cr). **90–91 NASA:** NOAA. **91 Dorling Kindersley:** Jamie Marshall (br/sand); Natural History Museum, London (br/horseshoe crab). **92 Dorling Kindersley:** London Planetarium (tr). **93 NASA:** JPL (clb, crb); JPL-Caltech (fclb); USGS / Tammy Becker and Paul Geissler (fcrb). **94 Dorling Kindersley:** Natural History Museum, London (cl).

For further information see:
www.dkimages.com

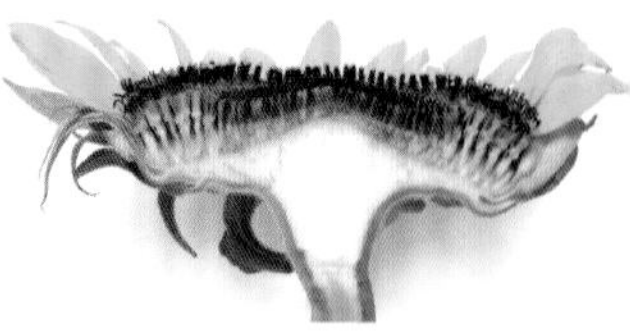